生活裡的茶

Tea in Life

王黎明 主編

前言 · Preface

茶——是生命，從淺嘗輒止到如影相隨

讀小學的時候，看著家裡的長輩常常喝茶，是用琺瑯缸泡的茶，褐色的茶湯上還漂浮著少許泡沫和茶梗，散發著淡淡的香味兒，這是北方常見的廉價茉莉花茶。我一直很好奇，大人為什麼會喜歡喝這個東西？為什麼不給孩子喝？於是，有一天趁家人不注意，偷偷端起缸子嘬了一口，濃烈的苦澀霎時掩蓋了淡淡的幽香，頓時後悔不疊。此後的十多年，再也沒有碰過茶。大學期間，有時會用一種名為「麥乳精」的東西沖泡作為時尚飲品，但由於囊中羞澀，也僅限於在取得好成績時自我獎勵一下。

直到27歲畢業，去鄂西探親時接觸到了一種叫「劍毫」的綠茶，沖泡時片片芽尖上下翻飛，隨後如古戰場的劍陣般整齊劃一豎立於水面，再後三三兩兩陸續墜落杯底但依然長時間屹立不倒。嫩綠色的茶湯帶著淡淡的苦澀味入口，嚥下去的一剎那，化為滿口的清甜。從此，我就喜歡上了這種茶。再後來，逐步接觸到了其他茶類，無一不喜歡，且無茶不歡。從好奇，到離不開，屈指一算，喝茶的時間已有整整30年了。

茶，已經成為生命中的一部分，如影相隨。

茶——是口糧，一日不食「餓」得慌

「蓋人家每日不可闕者，柴米油鹽醬醋茶。」相傳柴米油鹽醬醋茶的說法源自南宋吳自牧《夢粱錄·鯗鋪》，首次把茶列為生活必需品。在這7種生活必需品中，柴米油鹽是絕對不可缺少的，沒有柴無以烹食，米（糧食的代表）油鹽是人體所需營養的重要來源，醬醋是調味品，雖不是必需品，但在某些地區缺之則食無味。英文裡常說

「Last but not least」，意思是，列在最後的未必最不重要。茶雖說位列「柴米油鹽醬醋茶」的最後一位，但茶的地位常常與飯在一起。談古論今、談天說地多發生在茶餘飯後；魂牽夢縈、望穿秋水常常導致茶飯不思。

可見，茶是尋常百姓的口糧，一日不食「餓」得慌。

茶——是國雅，也有詩和遠方

茶界常說世上有兩種茶，一種是「柴米油鹽醬醋茶」，另一種是「琴棋書畫詩酒茶」。「琴棋書畫詩酒茶」常被視為國之七雅。這七雅中唯酒茶是既有食品屬性又帶有文化屬性的，琴棋書畫詩是自帶文化屬性的。善琴棋書畫詩者往往亦好酒茶，特別是詩人。自古以來，酒和茶就與詩詞結下不解之緣。有道是，「李白斗酒詩百篇，長安市上酒家眠」、「身健卻緣餐飯少，詩清都為飲茶多」。常常飲茶不僅陶冶性情，使得作詩的風格都清新雅麗了。歷代著名詩人都留下了不朽的詠茶詩篇，與茶相關的詩詞不下幾百首，或超凡脫俗，或情思雋永。而盡享天下茗茶的君主帝王也不甘落後，從宋朝歷代皇帝到大清乾隆、嘉慶父子竟都是頌茶的個中裡手。雖不如大文豪蘇軾的《望江南·超然臺作》「休對故人思故國，且將新火試新茶。詩酒趁年華。」那般豁達灑脫、快意人生，但我卻獨愛黃庭堅的《阮郎歸·茶詞》「摘山初製小龍團，色和香味全。碾聲初斷夜將闌。烹時鶴避煙。消滯思，解塵煩。金甌雪浪翻。只愁啜罷水流天。餘清攪夜眠。」把茶的色、香、味、形等感官品質，以及茶能消食、解憂、靜心、提神的功效「一網打盡」。

所以，茶是國之大雅，也有詩和遠方。

茶——是歷史，西出陽關，俠骨柔腸

三線茶馬古道，醞釀了手築茯磚的同時，書寫了多少淒美的愛情故事、離合悲傷，又歷經了無數大漠烽煙、世事滄桑。茶——是文化，燦爛著華夏文明源遠流長。最有意義的禮節是婚禮上的改稱敬茶，最委婉的結束是端茶送客，最淒慘的境遇是人走茶涼。茶——是資本，古樹紅袍冰島班章爭先收藏……作為愛茶人，關於茶還有很多很多說不完的典故，道不盡的傳奇。

然而，依然要說的是：

茶——是健康，均衡營養，愉悅心房

從古至今，從神農嘗百草的茶，到柴米油鹽醬醋茶的口糧茶，從單一的綠茶到綠、白、黃、青、紅、黑六大茶類，從黃庭堅的「消食滯，解塵煩」到今天科技界的抗氧化、降脂、降醣等功能的驗證與挖掘，茶始終不變的是健康屬性。

再看海外，在美國麻薩諸塞大學David Julian McClements教授所著的《未來食品》一書中，把茶作為「超級食品」的第一個來論述。他說：幸運的是，茶是一個健康益處得到充分證據支持的「超級食品」之一。包含大量隨機對照實驗的薈萃分析表明，茶具有降血壓、改善血管功能和降低膽固醇的功效。

茶——是健康，興奮著舌尖的味蕾，均衡著一日三餐的營養，滋潤著人的心田。

前不久，一個具有醫學博士學位的前同事傳了個訊息，請大家幫忙填寫她上小學的女兒設計的關於飲茶的問卷。其中兩道單選題讓我作了難，一是「您喜歡在一天的什麼時候喝茶？」；二是「您最喜歡喝什麼茶？」作為單選題，我真的無法回答每天什麼時候喝茶，也無法回答最喜歡喝哪種茶，因為我一天到晚都在喝茶，而且六大茶類都喜歡喝，喝什麼茶根據心情、場景和身體狀況。作為一個營養健康科技工作者，喝茶對我來說，更關注的是茶的健康功效和感官享受。

本書共五個部分。

第一章是認識茶、了解茶。系統介紹了茶的分類、產地分佈、細分品類、品質特徵、儲藏方式和品飲方法。一張圖讀懂茶的分類、一張圖了解茶的發酵程度，這樣圖文並茂的方式解讀茶，一目了然且通俗易懂。

第二章講茶的前世今生。先是以生花的妙筆描繪茶的起源、傳播、文化和貿易的「上下五千年」歷史畫卷，隨後以嚴謹的文字和數據闡述了茶促健康的科學證據和物質基礎。

第三章是選茶有道。也是本書健康飲茶的核心部分，科學地回答了春夏秋冬、日出日落、不同性別、不同年齡、不同健康訴求和不同體質選茶喝茶的問題。總有一款適合你！

第四章揭祕泡茶大法。說的是，茶與水、器、火如何結合成就一盞好茶；在不同場景、與不同的人、做不同的事，該怎樣選茶、泡茶、喝茶才能相生相宜。

第五章簡述了茶的「跨界融合」。當茶遇上奶、果、花，會吐出怎樣的芳華？當茶融入米、麵、肉、魚，又提升了多少饕餮盛宴上的清香淡雅。

由於我們從事茶科學研究和產品開發的時間還比較短，知識、技術、文化積澱不深，如有疏漏與不妥之處，請行業大家與讀者指正。

目錄 · Contents

認識中國茶

茶
香葉，嫩芽。
慕詩客，愛僧家。
碾雕白玉，羅織紅紗。
銚煎黃蕊色，碗轉曲塵花。
夜後邀陪明月，晨前獨對朝霞。
洗盡古今人不倦，將知醉後豈堪誇。

《一字至七字詩．茶》——元稹

第五章 時尚茶飲與茶食

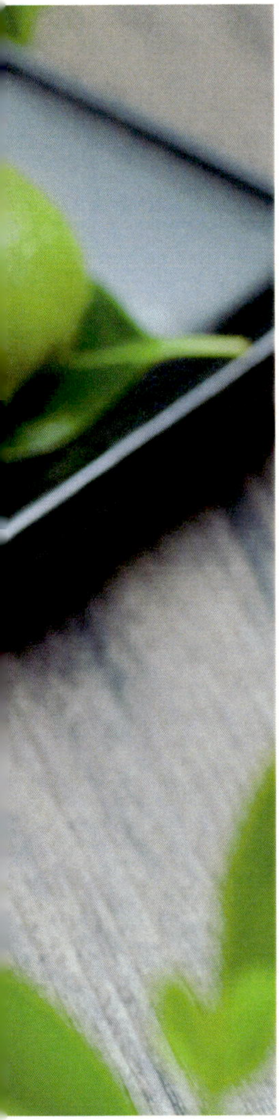

也許是一次無心，也許是多次試驗，人們發現了茶與其他食物的緣分，碰撞出了美妙的滋味。茶與牛奶、水果、花草相遇，便為古老的東方飲料增添了時尚的元素；茶與油、鹽、醬、醋相遇，其魅力便在佳餚中得到了延續。喝茶之時也少不了佐茶的茶食。不同的茶，要搭配不同的茶食，才能相互調和，相得益彰。

清新中有異香，古樸中有新意。茶飲、茶食文化的不斷發展與創新，使人們對茶的喜愛經久不衰。

茶飲篇

在很多人固有的印象裡，茶意味著傳統、老派、古典。飲茶似乎是上一代人的習慣，茶的清苦氣味也讓很多初次接觸的年輕人望而卻步、難以接受。作為與咖啡、可可齊名的世界三大飲料之一的茶，在數千年的傳承與遍布全球的傳播過程中，已經有了不少新發展。各種茶味飲品的橫空出世大大豐富了茶葉家族的成員，也讓來自東方的古老飲品有了更多年輕、時尚、新潮的風味。

奶茶——濃濃奶香盡享絲滑

奶茶的起源已很難具體追溯，關於奶茶最早的記錄出現在喜馬拉雅區域。在中國的西藏、新疆等地也有飲用奶茶的習慣。有趣的是，最早飲用奶茶的地區都不是傳統的產茶地區，但卻消費了大量的茶。有資料顯示，不丹、錫金、尼泊爾等地消費的茶主要來源於斯里蘭卡，中國西藏、新疆等地消費的茶則主要來自雲南、福建等地。印度被認為是奶茶的發源地，隨著被英國、法國、荷蘭等國的殖民，奶茶也被殖民者帶回本國，並加以改良。優質的鮮奶可以緩解茶的苦澀味，對於從沒嘗試過茶的人來說更容易接受，因此更加醇香的奶茶逐漸風靡歐洲。

牛奶配茶這對最佳拍檔自從被人們找到之後，就大受歡迎，流行區域幾乎遍布全球。不同地域的奶茶有著完全不同的風味，甜、鹹風味也各有千秋。

1. 草原奶茶

在中國的內蒙古、新疆等地，由於歷史原因，會選用黑茶或青磚茶來製作奶茶。這些地區處於高寒或者高海拔地帶，居民飲食主要以肉食為主，蔬菜較少，黑茶可以消食解膩。因此，以黑茶製作的奶茶深受牧區人民的喜愛，更有「寧可三日無糧，不可一日無茶」的說法。這些地區流行的奶茶也有獨特的草原風味。蒙古奶茶是鹹奶茶。清早起來，全家人圍坐在一鍋熱氣騰騰的鹹奶茶周圍，配著炒米吃頓早飯，既暖身又營養。內蒙古東部的海拉爾等地還流行奶茶火鍋，成為當地旅遊的一大特色。

如果你想試試鹹奶茶的草原風情，不妨自己在家動動手。製作時，首先需求把磚茶打成碎末。在洗淨的鍋中將水煮至沸騰，後加入少許碎磚茶，小火保持沸騰數分鐘，倒入與水等量的牛奶，最後根據口味加入食鹽，一鍋草原鹹奶茶就大功告成了！蒸騰的熱氣繚繞眼前，草原的氣息撲面而來。如果有心，還可以在奶茶中加入適量炒米，更正宗也更能豐富口感。

2. 英式奶茶

紅茶由於具有濃郁的花果香氣，是製作奶茶的首選。在以紅茶作為基底的奶茶中，流傳度最高的要數英式奶茶了。英國人喝茶的習慣與下午茶是分不開的。傳統英式下午茶除了主角茶之外，還配有三明治、司康餅等多種甜點。既精緻優雅，又能在正餐前補充能量。英式奶茶在茶葉的選用上非常講究產區。海外產區中，錫蘭紅茶、越南高山紅茶、印度阿薩姆紅茶、肯亞紅茶最為知名。中國產區則以雲南滇紅、廣東英德紅茶、安徽祁門紅茶等為佳。英式奶茶有很多風味，但基本是在原味奶茶的基礎上添加香料製成，如佛手柑、檸檬片等。一壺好的原味奶茶是襯托不同風味的基底和靈魂，這裡提供一種自製英式原味奶茶的簡單方法。

英式原味奶茶的製作主要分為兩步：煮茶和調配奶茶。煮茶時，將水煮沸，加入適量茶葉小火熬煮兩分鐘左右，關火悶2～3分鐘，使茶葉中的品質成分充分浸出。接著將茶渣濾出，即為奶茶專用的茶水。調配奶茶的步驟也很簡單，杯中倒入茶水，根據個人口味加入牛奶和白醣即可。清新的茶香混合濃郁的奶香，配上香甜鬆軟的小點心，適合讀書，適合會友，也適合獨享靜謐悠閒好時光。

果茶——繽紛果味愉悅心情

水果口味甘甜，不僅能作為佐餐佳品補充各類維他命，也是泡茶的好搭檔。炎炎夏日，來一杯美味可口的自製水果茶，既營養健康，也頗有生活情趣。

1. 百香果檸檬+紅茶

百香果檸檬紅茶是非常經典的一款水果與茶的搭配。檸檬性溫、味苦，具有生津止渴、止咳化痰的功效。微微的酸味也有助於提神醒腦、促進消化。百香果又稱為雞蛋果，屬西番蓮科植物。其果肉中含有豐富的植物纖維，可以清潔腸道、幫助排毒。紅茶在發酵過程中，小分子茶多酚轉化為茶黃素、茶紅素等化合物，香甜甘潤的氣味與水果搭配最佳。

成品百香果檸檬紅茶微酸中透著清甜，適合餐後飲用。配上蜂蜜同飲，還能增強抵抗力、預防感冒。市面上有不少以檸檬紅茶為主料的飲品，不過如果想要喝得更純正健康，還是自製來得放心。選用鮮檸檬或檸檬片，加上一杯濃郁的紅茶，可用綿白糖、蜂蜜調味，用來自飲或招待客人，簡單方便又別有風味。

2. 西柚雪梨+綠茶

西柚又稱葡萄柚，是現代飲料中的常見配料，不過直到 20 世紀才被選育出適合人們食用的優良品種。西柚含有豐富的鈣、磷、鐵以及維他命 B 群、維他命 C 等營養成分，且含量在柚類家族中最高。雪梨則是在《本草綱目》中早已掛名的有藥用價值的果中佳品，雪梨果肉潔白如雪，口感脆甜。中醫認為，雪梨有清肺潤燥、生津利尿的功效。

綠茶是未發酵茶，保留了較多鮮葉成分，有抗氧化和殺菌消炎的作用。與雪梨西柚相配，綠茶最好選擇當年的新鮮春茶。沖泡時，首先將西柚雪梨洗淨切片，茶葉則放入一次性茶包中。將水果、茶包放入容器中，加入冷開水、蜂蜜和冰糖，冷藏後即可享用。

3. 白桃西瓜+烏龍茶

桃子是營養價值很高的一種水果。中醫研究認為，桃子具有生津、潤腸、活血、消積的作用，特別適合腸燥便祕的人食用。現代科學研究則表明，桃子中鐵元素的含量高，對於預防缺鐵性貧血有一定的食療作用。西瓜富含水分，有清火解暑和利尿的功效。在蒙古族、傣族、苗族、佤族等少數民族的傳統藥方中也頻頻現身。

烏龍茶則因其特殊的成分具有減肥減脂的效果，還能夠刺激脂肪分解酶的產生，降低血液中膽固醇含量。白桃西瓜烏龍茶有濃郁的桃子清香，烏龍茶的茶味則化解了水果過分的甜膩，是一款適合全家老少共品的夏日佳飲。

花草茶
——馥郁花香帶來自然氣息

1. 玫瑰+雲南滇紅

玫瑰茶幾乎是最受歡迎的花草茶了。玫瑰香氣馥郁，色澤溫柔，優雅知性又不失神祕魅力。玫瑰性溫，有理氣和中、活血化瘀的功效。女性飲用還能排毒養顏，補充氣血。

很多玫瑰茶用的是單一玫瑰或僅僅用茶包來沖泡。這樣雖然方便，但口感還是與眞正的紅茶相差甚遠。這裡推薦用雲南滇紅茶作為玫瑰茶的主料。雲南滇紅的主產區位於雲南省南部臨滄、西雙版納等地，這裡屬於雲貴高原，群山起伏，海拔超過1 000公尺。顯著的晝夜溫差和豐沛的年降水量造就了獨特的茶葉風味。晴時早晚遍地霧，陰雨成天滿山雲。這裡的茶葉質地柔韌，茶味芳香，各種多酚類化合物及其他有效成分也非常豐富。玫瑰加上雲南滇紅，喜歡馥郁花香的人們可在氤氳的茶香中享受眞正的自然氣息。

2. 茉莉＋西湖龍井

茉莉作為中國特有的植物，其色潔白如玉，其香優雅宜人，具有中國古典美的風韻。茉莉花在夏天有提神清火的作用，清幽的香氣也能舒緩情緒、放鬆神經。

與茉莉最為相配的就是綠茶了。綠茶沒有經過發酵，與茉莉的氣質也最為契合。西湖龍井有綠茶皇后之稱，產於浙江杭州西子湖畔，最早可追溯至唐代，更是在清代得到乾隆皇帝的賞識，有色綠、香郁、味甘、形美四絕的聲譽。綠茶中豐富的維他命 C 和兒茶素，可以起到抗體內的自由基、抗氧化抗衰老的作用，適合經常用眼的上班族飲用，能夠幫助緩解眼部不適，減輕乾澀的狀況。

茶文化源遠流長，在傳承和創新的過程中，人們為其不斷注入新鮮血液，各類茶飲既豐富了茶的口味，也有不同的保健功效。茶同樣承載了多樣的文化歷史，這大概是茶文化生生不息，讓世人著迷的原因吧。

茶食篇

婿納幣，皆先期拜門，戚屬偕行，以酒饌往少者十餘車，多至十倍。……酒三行，進大軟脂小軟脂，如中國寒具，次進蜜糕，人各一盤，日茶食。

——《大金國志· 婚姻》

茶食歷史

「茶食」一詞最早出現在金朝，實際上，茶食品的加工製作可追溯至先秦時期。從直接咀嚼茶葉當藥和充飢，到將茶葉碾碎煮飲和搭配茶食，再到沖泡飲用和以茶入菜，在幾千年的歷史長河中，聰明智慧的先人們創製了種類繁多、形式多樣的茶食品，「茶食」的內涵和外延也在不斷地發展與豐富。

先秦時期 吃茶

◎ 藥用：直接食用茶樹鮮葉

◎ 食用：鮮葉加水煮熟，連湯帶葉食用

漢、魏、晉、南北朝 喝「茶粥」，佐茶果

◎ 茶粥：指濃茶，因製茶過程中加入米糕，故煮茶後呈粥狀

◎ 茶果：果實及其加工製品、素食菜餚、穀物製品

隋唐宋 喝茶，佐茶食

◎ 唐代「煮茶法」，茶葉碾成粉末，水燒開後放入調味料，再放茶粉煮

◎ 宋代「點茶法」，開水沖泡茶粉，日本抹茶道的起源

◎ 佐茶食物有茶果、點心、菜餚

元明清 喝茶，佐茶食，以茶入菜

◎ 明代出現散茶，飲用方式改為杯子或壺直接沖泡，現代泡茶的開端

◎ 除了佐茶食品，還出現奶茶、龍井蝦仁等以茶為原料的食物

茶食歷史

今天，關於「茶食」並沒有統一的概念，可以指喝茶時搭配的醣果、堅果、點心等不求飽腹的「茶點」，又可以指把茶作為一味食材，添加到菜餚和點心之中製作而成的色香味美的「茶餐」。

茶有苦、澀、鮮、甜、酸，食有酸、甜、苦、辣、鹹。不同的茶自然需求搭配不同的茶點或食材，才能創造出完美與和諧。

喝茶配以茶點也是防止茶醉的好方法。茶葉中的咖啡鹼是一種中樞神經興奮劑，過量攝取會導致代謝紊亂，造成頭暈、耳鳴、渾身無力等類似醉酒的症狀。空腹飲茶或者飲茶過量、過濃時很容易出現茶醉。喝茶時搭配茶點可有效防止茶醉，一旦出現茶醉症狀，喝杯糖水或吃塊糖就可緩解。

每種茶都有自己的黃金搭檔，下面就讓我們一起探索茶與食搭配的奧祕。

茶與茶點

甜配綠、酸配紅、瓜子配烏龍、黑茶要香濃。

——民間流傳口訣

茶食與茶的搭配講究和諧，口訣裡說的就是不同茶類和茶點的搭配關係。

1. 綠茶、白茶、黃茶配甜點

綠茶宜搭配鮮甜的吃食。綠茶清新鮮爽，口感略苦澀，與綠豆糕、山藥糕、豆茸餅、豌豆黃等清甜爽口的食物搭配，苦味和甜味相互融合，可化解部分苦澀。但是甜食不宜過甜，味道過重，否則會完全壓住綠茶的滋味，失去飲茶的樂趣。

白茶和黃茶發酵程度較低，口感相對綿柔，香氣滋味淡雅，同綠茶一樣宜搭配口味清香淡雅的食物。

2. 紅茶配水果

紅茶宜搭配口感帶酸的食物，如水果、蜜餞、話梅等水果及製品，乳酪蛋糕等酸甜口味的點心。紅茶滋味濃醇回甘，與酸味食物搭配會產生令人愉悅的酸甜口感。所以，市售的紅茶飲料多是紅茶配以酸甜的果味原料成分（如檸檬紅茶等）。此外，紅茶濃郁的花香、果香與水果的蜜香交融、搭配也極其和諧。

3. 烏龍茶配堅果

烏龍茶宜與鹹淡相宜的瓜子、花生米、碧根果等堅果搭配。品飲烏龍，首重風韻，烏龍茶的香氣滋味豐富，需搭配口味「平淡」而「不搶戲」的食物方能凸顯烏龍茶的豐滿嫵媚。這類茶點同樣適合香氣馥郁的花茶類。

4. 黑茶配肉奶

黑茶滋味醇厚，並有很好的消食除滯的作用，宜搭配口味較重、較膩的食物，如肉乾、肉脯等肉類製品以及奶酪、奶皮子等乳製品。藏民們就喜歡一邊喝著藏茶一邊就著鹹味的風乾牛肉，有茶有肉，美好而合宜。

以茶入菜

雞蛋百個，用鹽一兩，粗茶葉煮，兩隻香為度。如蛋五十個，只用五錢鹽，照數加減。可做點心。

——《隨園食單》

用茶葉製作的菜餚中，最廣為流傳的要數茶葉蛋了。明代袁枚的《隨園食單》中記載的茶葉蛋做法與如今的做法別無二致。以茶入菜不僅可以為菜餚提色增香，化解油膩去腥羶，還可以為菜餚增加茶葉的健康元素。

雖然明清時期就有關於以茶入菜的記載，而真正流傳至今，被廣泛認知的茶菜並不多，主要原因在於茶香清幽，烹飪的溫度過高、時間過長，或與之搭配的食材和佐料味道過重，都會失去或者掩蓋高雅的茶香，失去茶菜應有的韻味。茶菜的搭配和烹飪是有技巧的。本書在總結歷代知名茶菜的基礎上，得出一些規律，供借鑑。

1. 綠茶、白茶、黃茶配海鮮

綠茶、白茶、黃茶香氣和滋味淡雅，搭配口味清淡的海鮮、河鮮、豆腐、根莖類食材，才能凸顯茶的清香，如龍井蝦仁、清蒸龍井鱖魚、龍井蛤蜊湯、白茶三菇湯、綠茶肉沫豆腐等。綠茶、黃茶、白茶中的茶胺酸含量相對較高，不僅能起到增鮮的作用，還可以明顯促進大腦中樞多巴胺的釋放，起到鎮靜安神、愉悅心情的作用。一般以茶葉或茶湯的形式入菜，使用量5～10克，適合的烹飪方法有炒、炸、蒸、燻、煮、涼拌等。

此外，綠茶、白茶、黃茶還非常適合烹飪主食和點心，如茶香飯、茶香粥、茶麵條、茶蛋糕、茶餅乾等。

清蒸茶香魚

食材：鱸魚一條（約750克），綠茶8克，甜椒30克，蔥10克，薑10克，料酒100克，植物油15克，蒸魚豉油15克，鹽10克。

製作方法：

（1）鱸魚洗淨，魚身兩面切花刀，將鹽和料酒在魚身塗抹均勻，醃製10分鐘。

（2）醃製過程中，將蔥、薑、紅甜椒切細絲浸泡在水中，紅黃甜椒切條。

（3）將茶包和一半的蔥、薑、部分紅甜椒絲塞進魚肚。

（4）將蔥切長段，墊於魚身下方，魚身上鋪一些蔥、薑、紅甜椒絲。水開後，放入鍋中大火蒸7～8分鐘關火，不要揭開鍋蓋，悶2分鐘後立即出鍋。

（5）調味汁：蒸魚豉油、鹽放進碗中拌勻。

（6）去除魚身上的薑絲，倒掉蒸魚盤中多餘的水，在魚身上鋪少許蔥薑絲和甜椒條。

（7）植物油燒熱後，將熱油從魚頭澆至魚尾。

（8）將調好的調味汁從魚頭澆至魚尾即可。

翠玉豆腐

食材： 豆腐1塊（500克），綠茶5克，豬肉餡100克，蔥1根，植物油15克，料酒100克。

製作方法：

（1）豆腐切片（5厘米×5厘米×0.5厘米），煎成兩面金黃，取出盛盤。

（2）茶包用100毫升沸水沖泡約3分鐘後取出，茶汁備用。

（3）鍋內放油，蔥爆香，加肉餡拌炒，再倒入茶汁、料酒入味後，淋在豆腐上即可。

2. 烏龍茶、紅茶、黑茶配畜禽肉

烏龍茶、紅茶和黑茶發酵程度重，滋味醇厚，顏色較深，更適合以燻、燒、燉、煮、滷、悶等方式與畜禽肉類一起烹飪，如鐵觀音燉鴨、紅茶滷牛肉、紅茶雞丁、普洱燉豬肘等。畜禽肉類脂肪含量較高，不僅口感肥膩還極容易導致脂肪攝取過量。烏龍茶中的甲基化兒茶素、紅茶中的茶黃素和茶紅素以及黑茶中後發酵過程產生的沒食子酸、茶多醣都可以起到一定的減少脂肪吸收、促進能量消耗的作用。烏龍茶、紅茶和黑茶一般以茶湯的形式入菜，使用量為10～20克。

紅茶滷牛肉

食材：牛肉500克，紅茶10克，桂皮、草寇、沙薑、茴香、白芷適量。

製作方法：

(1) 將所有的香料包在紗布裡，放在滷水中煮開。

(2) 放入牛肉，大火燒開見滾後，撇出泡沫。

(3) 蓋上蓋子小火燉爛。

(4) 牛肉用保鮮膜裹緊放入冰箱冷藏，待溫度降低，牛肉緊實後取出切片裝盤即可。

茶香烤雞翅

食材： 雞翅中500克，烏龍茶10克，水100毫升，紅蘿蔔、芹菜、洋蔥、料酒、雞粉、鹽適量。

製作方法：

（1）雞翅洗淨，表面劃開。

（2）烏龍茶10克加開水100毫升沖泡約3分鐘，取茶湯。

（3）雞翅用茶水和紅蘿蔔、芹菜、洋蔥、料酒、雞粉、鹽醃製2小時。

（4）烤箱預熱200°C，將雞翅置於烤盤上，放入烤箱中層。

（5）烤5分鐘左右取出烤盤，將醃製的調味料刷在雞翅正反兩面。

（6）烤至10分鐘左右取出烤盤，在雞翅正反面刷一層蜂蜜，5分鐘後表面再刷一層蜂蜜，最後烤至表面金黃（約5分鐘）即可。

普洱肘子

食材：肘子500克，普洱熟茶10克，桂皮、草蔻、沙薑、茴香、白芷適量。

製作方法：

（1）將普洱熟茶和其他所有的香料包在紗布裡製成料包，放在滷水中煮開。

（2）放入肘子，大火燒開見滾後，撇出泡沫。

（3）蓋上蓋子小火燉爛。

（4）撈出肘子置於冰箱冷藏，待溫度降低後取出切片裝盤即可。

參考文獻 · Reference

曾曉房，李柳冰，于立梅，等，2018. 檸檬中微量元素功效研究進展. 食品科學，12: 243-244.

柴奇彤，孫婧，2009. 科學飲茶. 中國食品 (22): 48-49.

車曉明，陳亮，顧勇，等，2015. 茶多酚治療骨質疏鬆症的研究進展. 中國骨質疏鬆雜誌，21(2): 235-240.

陳金娥，豐慧君，張海容，2009. 紅茶、綠茶、烏龍茶活性成分抗氧化性研究. 食品科學，30(3): 62-66.

陳秀珍，朱大誠，王艷輝，2009. 白花蛇舌草藥理作用及臨床應用研究新進展. 中藥材，32(1): 157-161.

陳育才，2020. 安溪鐵觀音的不同製作工藝和感官審評. 福建茶葉.

陳宗懋，2019. 飲茶與健康　思考與展望. 茶博覽 (3): 70-72.

陳宗懋，楊亞軍，2011. 中國茶經. 上海: 上海文化出版社.

陳宗懋，俞永明，梁國彪，等，2012. 品茶圖鑑. 南京: 譯林出版社.

陳宗懋，甄永蘇，2014. 茶葉的保健功能. 北京: 科學出版社.

高棟，2020. 飲茶與人體健康研究. 福建茶葉，42(8): 39-40.

高遠，2012. 烏龍茶多酚及其兒茶素單體的降脂減肥作用研究. 南京: 南京農業大學.

顧東風，翁建平，魯向鋒，2020. 中國健康生活方式預防心血管代謝疾病指南. 中國循環雜誌，35(3): 209-230.

顧謙，陸錦時，葉寶存，2002. 茶葉化學. 合肥: 中國科學技術大學出版社.

況文琴，2019. 重慶桃樹栽培技術與病蟲害防治淺析. 南方農業，13(11): 31-32.

李麗華，周玉璠，2019. 世界紅茶發展史略初探. 福建茶葉 (4): 215-217.

李勤，黃建安，傅冬和，等，2019. 茶葉減肥及對人體代謝綜合徵的預防功效. 中國茶葉 (5): 7-13.

李亦博，2020. 傳統飲食文化融入高校思政教育引發的思考——評《中國飲食文化》. 中國釀造，39(9)：230.

劉德，吳鑫，匡佩琳，2018. 6種茶葉提取物的乙醯膽鹼酯酶抑制活性研究. 食品安全質量檢測學報，9(24)：6477-6482.

劉盼盼，鄭鵬程，龔自明，等，2020. 工夫紅茶品質分析與綜合評價. 食品科學.

馬靜鈺，劉強，孫雲，等，2019. 不同沖泡條件對茶葉內含物浸出率影響的研究進展. 中國茶葉.

梅維恆，等，2018. 茶的眞實歷史. 高文海，譯，徐文堪，校譯. 生活・讀書・新知三聯書店.

倪德江，陳玉瓊，謝筆鈞，等，2004. 綠茶、烏龍茶、紅茶的茶多醣組成、抗氧化及降血醣作用研究. 營養學報，(1)：57-60.

潘科，2017. 茶兒茶素單體酶促氧化反應特徵與紅茶飽和氧化發酵機制研究. 雅安：四川農業大學.

盛儁，2013. 普洱茶中咖啡鹼在動物體內的吸收情況研究. 合肥：安徽農業大學.

盛敏，2017. 中國茶文化對外傳播與茶葉出口貿易發展研究. 長沙：湖南農業大學.

譚遠釗，2018. 綠茶功能性成分提取及保健作用分析. 食品安全導刊，30：74.

唐祖宣，2011. 陸羽的茶療養生之道. 中國中醫藥報.

王慧，寧凱，2015. 談《紅樓夢》中的茶文化. 福建茶葉，37(5)：65-66.

王茹茹，肖孟超，李大祥，等，2018. 黑茶品質特徵及其健康功效研究進展. 茶葉科學，38(2)：113-124.

王岳飛，郭輝華，丁悅敏，等，2003. 茶多酚解酒作用的實驗研究. 茶葉 (3)：145-147.

吳命燕，范方媛，梁月榮，等，2010. 咖啡鹼的生理功能及其作用機制. 茶葉科學，(4):235-242.

奚婧，張佳佳，貟航，等，2019. 社區老年人飲茶與衰弱狀況的關係研究. 中國實用護理雜誌 (28)：2165-2170.

徐瀟瀟，楊洲，陳紅，2018. 綿陽地區老年人飲茶習慣與健康狀況研究. 現代食品 (23)：188-192.

許佳，程偉，裴麗，2020.《本草綱目》之茶考. 時珍國醫國藥.

薛凱瑞，2019. 中老年人群飲茶與糖代謝的相關性研究. 蘭州大學.

陽衡，羅源，劉仲華，等，2017. 茶胺酸的體內代謝與功效機制. 茶葉通訊，44(1)：3-10.

楊江帆，等，2019. 絲路閩茶香：東方樹葉的世界之旅. 福州：福建人民出版社.

楊路路，2019. 世界三大飲料植物. 花卉 (7)：6-8.

楊欽，2013. 中國古代茶具設計的發展演變研究. 南昌：南昌大學出版社.

堯水根，2012. 略評中國古代三大茶書——《茶經》、《大觀茶論》、《茶疏》. 農業考古.

衣喆，劉婷，陳然，等，2016. 金花黑茶對BALB/c小鼠通便和調節腸道菌群的作用. 食品科技，41(6)：61-66.

應劍，肖傑，康樂，等，2019. 健康中國背景下的茶葉功能研究與生物技術在健康茶飲開發中的應用. 生物產業技術.

張冷兒，2014. 蒙古族奶茶文化的傳承與創新. 呼和浩特：內蒙古師範大學.

張清華，張玲，2007. 菊花化學成分及藥理作用的研究進展. 食品與藥品，(2)：60-63.

張瑞娥，秦天悅，張芸環，等，2018. 119例高血壓患者確診前的膳食營養狀況調查及評價. 慢性病學雜誌，19(7)：865-867+870.

張芸，倪德江，陳永波，等，2011. 烏龍茶多醣調節血脂作用及其機制研究. 茶葉科學，(5)：399-404.

趙建基，2012. 西北少數民族茶飲的文化探究——基於與中原茶文化的明顯差異和深層關聯. 塔里木大學學報，24(2)：73-76.

中國高血壓防治指南修訂委員會，2019. 中國高血壓防治指南2018年修訂版. 心腦血管防治，19(1)：1-44.

中國營養學會，2016. 中國居民膳食指南(2016). 北京：人民衛生出版社.

中華醫學會糖尿病分會，2020. 中國成人糖尿病前期干預的專家共識. 中華內分泌代謝雜誌，36(5)：371-380.

中華醫學會糖尿病學分會，2018. 中國2型糖尿病防治指南（2017年版）. 中華糖尿病雜誌，10(1)：4-67.

Andrew S, Alicia B, Matt P, et al, 2020. Acute cognitive, mood and cardiovascular effects of green and black tea, Proceedings of the Nutrition Society, 79 (OCE2): E676.

Fu DH, Ryan EP, Huang JA, et al, 2011. Fermented Camellia sinensis, Fu Zhuan Tea, regulates hyperlipidemia and transcription factors involved in lipid catabolism. Food Research International, 44 (9): 2999-3005.

Huo Shaofeng, Sun Liang, Zong Geng, et al, 2020. Genetic susceptibility, dietary cholesterol intake and plasma cholesterol levels in a Chinese population. Journal of lipid research.

Li J, Liu R, Wu T, et al, 2017. Comparative study of the anti-obesity effects of green, black and oolong tea polysaccharides in 3T3-L1 preadipocytes. Food Science, 38 (21): 187-194.

Ng KW, Cao ZJ, Chen HB, et al, 2018. Oolong tea: A critical review of processing methods, chemical composition, health effects, and risk. Critical Reviews in Food Science & Nutrition, 58 (17): 2957-2980.

Rajsekhar A, Vivekananda M. 2017. L-theanine: A potential multifaceted natural bioactive amide as health supplement. Asian Pacific Journal of Tropical Biomedicine, 7 (9): 842-848.

生活裡的茶

Tea in Life

時尚茶飲與茶食

生拍芳叢鷹嘴芽，
老郎封寄謫仙家。
今宵更有湘江月，
照出菲菲滿碗花。

《嘗茶》——唐・劉禹錫

6:00—7:00　喚醒新的一天喝白茶

一夜睡眠讓身體處於乾渴的狀態，第一杯水很重要。白茶僅有萎凋和乾燥兩道工序，保留了較多茶葉本身的風味，外形上也因白毫覆蓋而顯得清新素雅。飲用白茶，口味清爽自然，能開啟一天的活力時光。

9:00—10:00　提神醒腦喝綠茶

吃過早餐後的上午，喝一杯綠茶，喚醒大腦，讓一整天元氣滿滿、精力充沛。綠茶中含有豐富的抗氧化物質，可以減少環境中有害物質對人體細胞的損傷，很適合辦公一族。在工作開始前或工作間隙的上午飲用綠茶，可以保持精力、提高注意力、緩解壓力。此外，綠茶適於清熱解毒、滌煩化膩。很多年輕人因為生活不規律而導致長痘生瘡，喝些綠茶再配上適量的金銀花不失為食療保健的良方。不過，咖啡因對胃腸有刺激作用，這也是不推薦空腹飲用綠茶的原因。此外，還要注意不能因為偷懶就飲用隔夜綠茶。

14:00—16:00　午後休閒喝紅茶或烏龍茶

要說下午最適合的茶飲，紅茶當之無愧。張國榮在2000年推出的專輯《大熱》中甚至專門寫了一首題名為《午後紅茶》的歌，足見紅茶配午後的經典程度。午後紅茶有著悠久的歷史，每天下午3點暫時放下手頭工作飲用紅茶，可以放鬆緊張的神經，緩解工作壓力。紅茶最適宜與萬物搭配，根據自身喜好，可以製造出多彩飲茶方式。愛美養顏的年輕女士可以嘗試玫瑰紅茶，口感芳香甜美，具有女性溫柔典雅的獨特氣質，還有促進新陳代謝的作用。活力青年可以嘗試酸甜清新的檸檬紅茶，抗氧化活性強，也比檸檬茶飲料更加健康。喜好甜美的人則可以調配蜂蜜紅茶，佐以蘋果乾或者紅棗、山楂乾等配料，甜美又消食。

紅茶也是英式下午茶的典型用茶。居家飲用時，不妨選擇精緻的陶瓷茶具，搭配少許水果或蛋糕餅乾等甜點。也可以加入新鮮牛奶配置為奶茶，舒緩情緒還能補充能量，可謂精緻生活之選。

氣味芬芳的烏龍茶可以作為午後紅茶的替代品。相較於具有花果香的紅茶，烏龍茶的香氣則更為豐富多變。利用蓋碗沖泡一杯品質優良的烏龍茶，僅是輕嗅香氣，就足以令人忘憂。現代研究認為，烏龍茶與脂類代謝過程密切相關，有一定的降脂減肥的作用。午飯常常是大魚大肉的油膩重災區，下午喝一杯烏龍茶避免脂肪積累和在腹部堆積，長期來看，也有利於血壓血脂健康，降低心腦血管疾病的風險。

要注意的是，進食結束不宜立即飲茶，這既是出於對胃腸的呵護，也是考慮到食物營養素的吸收利用。

19:00—21:00　夜晚小聚喝普洱或老白茶

結束了一天的辛苦工作，晚間放鬆時段以茶會友，普洱茶確實是不二之選。經過了一日三餐，夜晚是一天中積攢能量最多的時候，常容易感到油膩。普洱茶最能刮油，且促消化，來一杯普洱茶有助於大餐後回歸舒適。此外，熟普洱相對而言不易影響睡眠，也是夜間飲茶的首選。不過，每個人對茶的反應不同，剛剛嘗試普洱的人，可以先小酌兩口試試，看看是否會讓神經興奮，難以入眠。如果接受不了普洱茶的濃郁口感，夜間飲茶也可以選擇陳年老白茶。但是，也要注意的是晚間喝茶不宜過濃。

應時而動，應時而飲。在晝夜和四時輪迴中選擇合適的茶飲，不僅能夠保健強身，同時也順應了中國古人陰陽互動的哲學命理，修身養性。這種天人合一的和諧之美也正是千載茶文化博大精深的集中體現。

一個像火星，一個像金星

乾坤順位，陰陽相合。男人和女人，一個像火星，一個像金星。火星是力量與剛強的象徵，正如男人的可靠、勇敢和沉默。金星則代表智慧與美麗，正如女人的優雅、溫柔和賢淑。男女不同的性格特質和偏好，對於茶的選擇上也有區別。

男性飲茶推薦

識得眞苦，方知生活眞味。烈酒、濃茶與男人的味蕾是分不開的。在茶味的選擇上，男性一般比女性更偏愛口味濃烈的茶，如普洱茶、烏龍茶等。此外，傳統醫學認為，男性屬陽，與女性相比更傾向於陰虛實熱，表現為喜涼怕熱，因此通常會更多地飲用綠茶之類性味偏寒涼的茶，以及其他苦澀味較重的茶種，甚至是生普洱。

飲茶與男性的健康需求也是匹配的，男性往往承擔更多的工作壓力和經濟壓力，吸菸、熬夜、喝酒、大魚大肉、缺少運動等不良生活習慣在中年男性群體中相對普遍。高體重、高血壓、高血脂、高血糖的「四高」問題也成為男性亞健康甚至是慢性病的主要元凶。綠茶、烏龍茶、普洱茶具有調節糖脂代謝的作用，能夠降低常見慢性病的發病風險。特別是綠茶，其突出的抗氧化活性可以減輕菸酒熬夜給機體帶來的氧化損傷。因此，應該將飲茶作為男性日常生活的一部分。

此外，一些代茶飲同樣適合男性。比如菊花茶、金銀花茶、苦丁茶清熱解毒，適合四季飲用。藤茶、葛根、葛花、枳椇子有一定的解酒作用，適合酒後服用，減輕宿醉的痛苦。

女性飲茶推薦

愛美永遠是女人的天性。在茶飲上，除了健康可口，賞心悅目對於女士來說同樣非常重要，這時花草茶就不失為合適的選擇。花草茶中，既有花果直接成茶的品種，如玫瑰花茶、菊花茶，還有用花香窨製的茶，如茉莉與綠茶窨製的茉莉花茶。花茶普遍含有芳香烴等物質，香氣馥郁。但是，不同的花茶功效不同，玫瑰花茶有助於活血化瘀，使人面色紅潤；菊花茶有清熱去火、養顏排毒的功效；茉莉花茶除穢氣，令人心情愉悅。自然花香有清心養性，安神醒身和愉悅心情的作用。點燃一盞精油蠟燭，配上合宜的花茶，無論是與三五好友共飲還是獨自品鑑，都能讓生活平添一份精緻優雅。

從體質上看，女性屬陰，飲茶時需注意滋陰補血。因此，女性飲茶不宜過濃，也不宜在飯後立即飲用，以減少對鐵吸收的影響。一些女性在冬天會有手腳冰涼、經期腹痛等煩擾，此時需飲用性質平和或偏溫的茶——紅茶。紅茶的花果香是符合女性喜好的。相對而言，紅茶對於腸胃較為友好。而且紅茶能夠促進末梢血管舒張，讓人覺得溫暖，改善手腳冰涼的症狀。紅茶的抗氧化作用雖然不如綠茶，但仍然是很高的。研究表明，飲用紅茶還可以降低更年期女性在過渡時期的不適感，幫助保持骨密度。

生薑紅茶是陰雨天和特殊時期的絕佳選擇。妙手慧心的你還可以在紅茶中加入牛奶、檸檬、柑橘等配料，調配屬於自己的特製茶飲。

去其清新的口感。綠葉在水中沉浮舞蹈，茶香引誘你舉杯啜飲，入口溫和滋潤，入喉微有回甘，飲後精神振奮，活力充沛。配上綠豆糕或麻薯等小點心，開啟充滿希望的清晨。

各類水果茶口味香甜清新，顏色豐富，更加適合年輕人的口味和心境，如檸檬茶、柑橘茶和百香果茶等，酸酸甜甜的口感和戀愛的心情也很相配哦！

久坐於電腦前，年輕辦公族常常會受到眼睛乾澀的困擾。這時可選用菊花茶或金銀花茶，有清心明目的作用。工作間隙來一杯，放鬆身心、舒緩情緒，繼續精神百倍地投入到工作中。

中年人飲茶推薦

「越過山丘，才發現已白了頭」，人生經歷造就了中年人更為豐富的閱歷和積澱。中年人飲茶，比年輕人更多了一份沉穩持重，在茶類的選擇上也更加偏向於味道醇厚持久的茶。

從青春洋溢到如日中天，中年是發揮社會價值的黃金期，也是身體機能由盛轉衰的過渡期。此時若能根據自己的身體特質選對真正適合自己的茶，則可以讓年富力強的好時光盡量延長。中年人元氣逐漸衰微，加之久坐傷脾，體內水穀精微物質的轉化能力普遍下降。因此，中年人飲茶一方面要注重溫和補益，以醇厚增補元氣；另一方面可以選擇具有促進代謝功能的茶。

普洱茶是一款非常適合中年人飲用的茶。回溯歷史，普洱茶曾是茶馬古道上的絕對明星。普洱茶分為生普和熟普，不同的加工處理方法造就了兩種茶迥異的特點：生普

味香、略苦澀、生津回甘；熟普入口厚滑、甜糯、有滋味。陳年的普洱茶茶磚和茶餅又是收藏和送禮的絕佳選擇，無論是自飲還是用來社交，普洱茶都很合宜。寵辱不驚，有容乃大，是這一人生階段的特點，也是普洱茶的品格。

龍井、碧螺春、六安瓜片、黃山毛峰、信陽毛尖等名優綠茶也很適合中年人。這些茶葉品質優良，適合有一定閱歷和經濟實力的中年人。同時，綠茶抗氧化、抗衰老、改善心血管和糖脂代謝的功能也是其備受中年人青睞的原因所在。

中年往往是人生事業的鼎盛時期，體力與壓力的不匹配容易導致疲勞睏倦。工作半天，時至下午，趁休息間隙泡一杯鳳凰單叢，既可以緩解疲勞，還能體會到鳳凰單叢豐富多彩的香型，放鬆身體、舒緩精神。

老年人飲茶推薦

行至暮年，品茶一盞，宛如品人生百味。茶的功夫與人生的哲學相互應和，更有妙處。老年人身體元氣不足，平素身體狀況不佳者還會呈現出久病入絡、痰瘀互結的狀態。因此，老年人所飲之茶應性味醇和、溫厚補益，在不

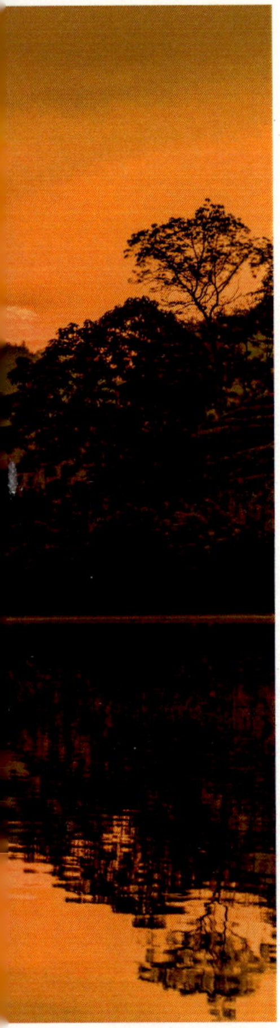

影響睡眠的前提下行氣活血，提高機體對外界環境的適應能力。

紅茶性質溫和不傷胃，還有暖身的效果，因此較為適合老年人飲用。

黑茶素有人體清道夫之稱，經渥堆發酵而成的黑茶具有促消化、解膩消食的作用。老年人胃動力相對缺乏，可以飲用黑茶幫助消化，宜選擇熟普、陳年茯茶等發酵充分的黑茶，其口感醇厚，飲用後腸胃較為舒適。

除了選茶，老年人喝茶應盡量淡一些，避免濃茶對身體的刺激。老年人睡眠較淺，往往入睡困難，還要注意盡量不在臨睡前飲茶。還有一些情況是不推薦飲茶的：空腹及飯後半小時以內不宜飲茶、多藥聯用不宜飲茶、不宜飲用涼茶和隔夜茶、不宜用茶水送藥。

不同健康需求與飲茶

茶葉具有調節免疫力、調節腸道菌群、改善糖脂代謝等健康作用。不同茶葉由於原料品種、產地、加工工藝的差別具有不同的物質成分特徵，造就了不同的健康屬性。根據自身健康需求進行選擇也是一種不錯的選茶方式。

提神醒腦喝紅茶與綠茶

茶中的咖啡因具有提神醒腦的作用，但過猶不及，需求慢慢摸索適合自己的飲茶量。值得一提的是，歐洲食品安全局支持了聯合利華關於紅茶提高注意力的健康聲稱，認為這一作用的功能成分是咖啡因，為實現這一目的，應每天喝2～3杯紅茶。綠茶等其他茶葉其實也有類似的研究證據。

抗氧化喝生普與綠茶

茶葉普遍具有抗氧化活性，茶多酚尤其兒茶素含量高的茶葉，其抗氧化能力尤為突出，生普和綠茶就是抗氧化領域的佼佼者。選用任意一種茶，都可以提高膳食抗氧化指數，帶來一系列健康益處。越來越多的營養學研究認為，比起膳食補充劑，從天然飲食中獲取充足的抗氧化物質更為安全和健康。因此，建議每天多吃蔬菜、水果，並適量飲茶。

輔助減肥喝所有茶類

茶葉減肥一直是學界和業界熱愛的話題。從現有研究看，不論哪種茶葉，都有促進代謝健康的益處，都是維持健康體重推薦的飲品。所以，需求了解減肥者的控制目標是血糖、血脂、尿酸還是其他，再綜合考慮胃腸道、咖啡因耐受度等因素，量身優化飲茶方案。不過不論哪種茶，都不應該被當作單方減肥神藥，要配合均衡膳食和適度運動，才能達成預期的目標。

腸道敏感人群喝紅茶與黑茶

生普、綠茶等發酵較輕的茶葉因含有較多的茶多酚，對腸胃的刺激作用較強，因此建議嚴重胃病和腸炎患者先暫停喝茶。但有研究發現，紅茶透過增加前列腺素E的合成可抑制吲哚美辛等藥物引起的消化性潰瘍，因此，對於消化道情況尚可，只是對一些茶葉成分較為敏感的人，可以選擇發酵程度較深的紅茶及後發酵茶，比如利用冠突散囊菌（金花）充分發酵的茯磚茶、熟普等。

便祕喝黑茶

便祕人群建議喝黑茶，如茯磚茶、熟普等。不同的黑茶都具有一定的通便作用，只是作用速度和程度因人而異。而綠茶和紅茶在通便作用方面存在較大的個體差異，甚至是相反的方向，有些人喝綠茶和紅茶可通便，有些人則會便祕。近幾年，一些企業研製了可控發酵的黑茶，發酵較為充分，批次間品質穩定，試驗數據較為可信，而且有較為明確的推薦飲用量。如果確有所需，優先選擇此類茶葉。

黑茶通便的機制是複雜的。除了茶葉含有的膳食纖維之外，最有可能的原因是黑茶促進了結腸中的微生物產生丁酸，刺激腸道蠕動。此外，飲茶帶入的水分使得大便軟化更加易於排出；發酵過程中小分子多酚轉化為大分子的茶褐素等物質，消除了不發酵茶中導致便祕的因素。

愉悅心情喝綠茶與茉莉花茶

茶葉中的咖啡因和茶胺酸作用於神經系統，在提神醒腦的同時可以增加

中樞神經系統單胺類神經傳遞物的水準，從而促進愉悅情緒的產生，具有一定的抗憂鬱活性。所以茶胺酸較高的綠茶和茉莉花茶，更容易令人心情愉悅。茉莉花茶的香氣物質還可以透過嗅覺感受器直接傳遞到中樞神經系統，激活愉悅情緒的回饋管道，並帶來心理上的放鬆和愉悅感。

解酒喝綠茶與白茶

解酒，指的是促進酒精代謝或者減少酒精性肝損傷。綠茶多酚可以使肝臟中的抗氧化酶（包括麩胱甘肽過氧化物酶GSH-Px、超氧化物歧化酶SOD）活性增強。茶胺酸可以提高乙醇脫氫酶和乙醛脫氫酶的活性，加速酒精代謝，同時抑制微粒體氧化體系對酒精的代謝，減少脂質過氧化損傷，對GSH-Px的正常生理活性也有維持作用。所以，酒後推薦喝綠茶、白茶等抗氧化能力強、茶胺酸含量高的茶葉。需求注意的是，喝茶無法從根本上清除喝酒帶來的損傷，海量飲酒和濃茶搭配，會因為咖啡因和酒精的雙重作用，對身體產生更大的負擔。

防癌抗癌喝綠茶、生普與茉莉花茶

這是基於研究數量和結果一致性推導出的結論。可能的原因包括：綠茶和生普抗氧化能力強，具有強大的抗炎作用，還有抑制血管新生的作用，這些與癌症風險降低有一定的關聯；心情憂鬱也會讓癌症的風險增加，喝綠茶和茉莉花茶可以愉悅心情、減少憂鬱症的發生，這種間接的作用不可小覷。

當然，任何一種茶都可或高或低降低癌症的發生率，這與茶葉帶來的代謝健康益處有關。研究證據表明，肥胖會增加癌症的風險。現在肥胖者越來越

多，而喝茶可以減少糖脂吸收、促進能量代謝、改善胰島素功能。可以說，合理膳食、適當運動、良好的飲茶習慣，可以透過促進代謝健康，減少因肥胖等問題導致的癌症。

抗過敏喝烏龍茶

關於茶葉抗過敏的研究較少。有文獻報導，烏龍茶中的甲基化兒茶素，可以拮抗IgE受體，繼而抑制IgE介導的I型變態反應。甲基化兒茶素還可以抑制肥大細胞釋放組胺，從而減輕組胺介導的打噴嚏、流鼻涕等反應。所以，過敏情形下，不妨喝點烏龍茶。

怕冷喝紅茶與黑茶

這兩類茶葉經過內源酶或者微生物的作用，寒性減弱，呈現溫性，比較適合怕冷的人喝。研究發現，紅茶可以促進血液循環。因為紅茶是茶黃素含量最高的茶葉，茶黃素配合兒茶素可以作用於血管內皮細胞，促使其釋放一氧化氮，一氧化氮是一種可以舒張血管的信號分子。血管舒張、外周阻力下降、血液循環得以改善，就會有「暖」的感覺。

生薑紅茶、生薑黑茶可進一步促進產熱。因為生薑中含有薑酚、薑烯酚、薑酮等辣味成分，統稱「薑辣素」。薑辣素不僅是強心劑，還可以舒張血管、抗凝血。所以飲用薑湯，會覺得發熱。飲用薑茶，兩者相得益彰，不僅驅寒，還可以改善心血管健康。

經期宜飲淡茶

中國傳統認為，經期不宜喝茶，這種觀點雖然過於偏激，但也不無道理。飲用濃茶一定程度上會影響鐵的吸收，而經期恰恰是鐵流失比較嚴重的時期。另外，咖啡因還有可能會加重經前期症候群。因此，如果經期要喝茶，建議飲用淡茶，最好是去咖啡因的茶葉。推薦從經前0～2天起就加點薑，連續服用3～5天，一定程度上可以緩解痛經的作用，這與生薑抗炎鎮痛、抗凝血的活性有一定的關聯。

促消化喝黑茶

促消化首選黑茶，例如茯磚茶、熟普等。這類茶葉在中國飲茶史上留下的最大盛名，就是為那些以肉食和乳酪為主的民族，帶去了解膩、促消化的重要作用。由於必須喝茶才舒服，還形成了「恃茶」現象。明代淡修記錄「(磚)

茶之為物，西戎土番，古今皆仰給之，以其腥肉之食非茶不消，青稞之熱非茶不解」。《紅樓夢》中寫寶玉吃了麵食，怕停食，林之孝家的勸他悶「普洱茶」，寶玉飲後，頓時食慾大增。這些都是黑茶去滯化食的體現。

黑茶促消化，表現為整體上減少了食物在體內的滯留時間，不僅與其促進食物消化酶的活性有關，也與其促進腸道蠕動（通便）的作用有關。

解膩喝黑茶

膩，不只是身體的肥胖和沉重感，也包括舌頭對食物的感受。膩的食物，一般油脂較多。除了促消化、通便、減少脂肪吸收的作用之外，黑茶中含有的皂苷類物質（就是猛烈搖晃時產生的泡沫）能與脂肪發生乳化作用，可能是影響味蕾感知的一個原因。

改善糖代謝喝紅茶、綠茶與黑茶

糖代謝涉及複雜的管道和干預靶點。改善胰島素抵抗、穩定餐後血糖、調節腸道菌群，都有助於改善人體的糖代謝功能。應該說，所有的茶都有一定的代謝健康益處，但不同茶的特點有所不同。

穩定餐後血糖優選紅茶。茶葉可以透過延緩和減少碳水化合物的消化、吸收，達到穩定餐後血糖的目的。穩定餐後血糖的意義不只在於降血糖，還可以降低血糖大幅波動引起的心血管損傷，從而降低心血管事件的發生。紅茶中的茶紅素、茶黃素、兒茶素和咖啡鹼等成分存在協同作用，共同實現這一功能。

改善胰島素抵抗優選綠茶。關於綠茶成分的相關報導最多，可能跟綠茶中的化合物分子量較小，更容易被人體利用有關。

調節腸道菌群優選黑茶。黑茶中的茶多醣和茶褐素含量較為豐富，有研究發現，飲用黑茶可以調節腸道微生物，抑制有害菌的生長，促進具有代謝健康潛力的有益菌增殖。

骨質疏鬆喝綠茶、白茶與紅茶

有觀點認為，骨質疏鬆不宜喝茶，原因是茶葉成分影響鈣吸收，加重骨質疏鬆和骨折的風險。但是，越來越多的研究發現，由於茶葉富含黃酮類化合物，其實有助於骨密度的維持，不會增加骨折風險。對於更年期女性而言，飲茶加運動對骨健康益處更為顯著。綠茶、白茶、紅茶都是好的選擇。

中醫體質與飲茶

民間有句俗語:「龍生九子，其各不同。」每個人因先天稟賦與後天獲得的情況不同，會形成不同的體質。不同的體質代表了不同的健康狀態，自然適合不同的茶。

中醫體質分類

中醫體質學認為，體質是一種客觀存在的生命現象，是人體生命過程中在先天稟賦和後天獲得的基礎上所形成的形態結構、生理功能和心理狀態方面綜合的、相對穩定的固有特質。早在兩千多年前，中國第一部醫學典籍《黃帝內經》中就已經有了關於體質的思考。

體質既是一種健康狀態的表達，又是一種個體特質的分類。透過體質的平和程度，我們能夠知道自己的身體狀況是否健康。透過體質分類，不同特徵的體質類型能夠得以區分，以便於採取適合自己的調養保健方式。

體質的形成，首先會受到先天因素（如父母體質、胎養條件）的作用，同時也受多種後天因素（如生長環境、飲食偏好、醫療干預等）的影響。縱觀人的一生，體質的形成與發展是不斷變化的動態過程，兒童時期、青少年時期、中年時期及老年時期的體質各具特點。但是在一兩年內，個體的體質狀態相對穩定，不易發生明顯的改變。

究竟該把人的體質分為幾類，曾經引起過學術界的廣泛討論。目前，通行的標準是由王琦院士提出的體質九分法：平和體質、氣虛體質、陽虛體質、陰虛體質、痰溼體質、溼熱體質、血瘀體質、氣鬱體質及特稟體質。在上述九種體質中，平和體質代表了良好的健康狀態，是一種積極健康的體質。其餘八種體質在不同方面存在著失衡，統稱為偏頗體質，代表了不夠健康的狀態，需求予以調整。

如何判斷自己的體質

如何判斷自己究竟屬於哪種體質呢？我們可以根據下表所列述的九種體質顯著特徵，對自己的體質類型進行簡單的歸類。

平和體質	形態特徵	心理特徵	常見表現	環境適應	發病傾向
平和體質	勻稱健壯	隨和開朗	面色紅潤、精力充沛	適應能力強	少患病
氣虛體質	肌肉鬆軟	內向膽小	氣短懶言、易出虛汗	不耐寒、熱及風	易感冒
陽虛體質	白胖或瘦弱	內向沉靜	畏寒怕冷、面白唇淡	不耐寒冷	易腹瀉
陰虛體質	乾瘦	外向急躁	手足心熱、大便乾燥	不耐熱、燥	易上火
痰溼體質	腹型肥胖	溫和穩重	多汗多痰、身體沉重	不耐溼	易三高
溼熱體質	偏胖	急躁易怒	面垢油光、口苦口乾	不耐溼、熱	易生瘡
血瘀體質	偏瘦	煩悶健忘	口唇紫暗、疼痛瘀斑	不耐風、寒	易出血
氣鬱體虛	偏瘦	敏感憂鬱	煩悶不樂、脅肋脹滿	不耐刺激	易憂鬱
特稟體虛	不固定	不固定	不固定	適應能力差	易過敏

九種體質典型特徵描述

在對照了上表的內容後，或許會出現自身情況與不止一種體質類型的特徵相符的情況。我們可以選擇一種與自己最為相似的體質進行考慮，也可以將自己的飲茶需求與多種體質類型一起對應來看。

不同體質如何選擇飲茶

◎ 平和體質人群陰陽平衡、氣血充盈，健康狀況較好，對茶具有普遍的適應能力。因此，平和體質者可以根據氣候季節、口味偏好等因素對各類茶進行選擇。

◎ 氣虛體質人群身體元氣不足，常感疲憊。黑茶性味溫厚，並且富含咖啡鹼，能夠起到緩解疲憊、促進新陳代謝的作用，適於氣虛體質者飲用。

◎ 陽虛體質人群平素肢寒怕冷，推薦飲用偏溫熱的紅茶和黑茶。

◎ 陰虛體質人群常被煩熱的感受困擾。清香鮮爽的綠茶偏涼，能夠緩解陰虛體質者煩熱上火的症狀。

◎ 痰溼體質人群常感身體困重，同時易患高脂血症等代謝性疾病。黃茶和烏龍茶都有助於調節代謝異常，改善血脂偏高的情況。六堡茶尤具祛溼功效，同樣適合痰溼體質者飲用。

◎ 溼熱體質人群普遍具有飲酒的習慣。中醫認為，酒為熟穀之液，最為溼熱。對於溼熱體質者而言，以茶（尤其是飲用白茶這樣涼性的茶）代酒，更有利於身體健康。

◎ 血瘀體質人群氣血循行不暢，易出現血液淤滯的情況。紅茶性味溫熱，利於疏解淤滯。中醫認為，紅色對應五臟裡的心，「心主血脈」，推動並調節血液的循行。因此，紅茶對於血瘀體質者來說尤為合適。

◎ 氣鬱體質人群體內氣機不暢，常出現煩悶、憂鬱的情緒。窨花茶氣味芬芳，製作過程中常用到的茉莉花等花材具有行氣解鬱的功效，經常飲用可以愉悅身心。

◎ 特稟體質人群身體抵抗力較弱，容易過敏。在確定茶葉不是引起過敏反應的過敏原後，可以常飲烏龍茶調節體質。需求注意的是，飲茶時不要將沖泡產生的泡沫撇去，因為產生泡沫的茶皂素具有抗過敏的功效，對特稟體質者有益。

飲茶之不宜

◎ 空腹不宜喝濃茶，以減少對神經系統和胃腸道的刺激，並避免「茶醉」現象的發生。

◎ 神經衰弱、失眠症患者不宜喝茶。平日喝茶少、對咖啡因敏感的人下午三點之後也不建議再喝茶，以免影響睡眠。

◎ 貧血者不宜喝茶。因為喝茶會阻礙食物鐵的吸收。反之，對於不貧血的人，只要保證充足的膳食鐵攝取，是不用擔心茶的影響的。

◎ 乳母不宜喝茶，因為茶中的咖啡因會透過乳汁進入嬰兒體內，刺激嬰兒的神經。而且嬰兒對咖啡因的代謝能力弱於成人，會加重對咖啡因的反應。

◎ 患有胃潰瘍等消化道疾病的人不宜喝茶。因為茶中的咖啡因、兒茶素等物質都會加重對胃腸的刺激。

◎ 服藥期間應謹慎喝茶，聽從醫囑。原因是茶葉成分可能透過理化反應影響藥物的形態；可能透過改變藥物代謝特點增強或者削弱藥效；也可能產生協同作用，讓藥物的量效關係和安全範圍發生變化。這裡的藥主要是指西藥，以及不屬於食藥同源的中藥。

暢飲中國茶

一碗喉吻潤，二碗破孤悶。
三碗搜枯腸，唯有文字五千卷。
四碗發輕汗，平生不平事，盡向毛孔散。
五碗肌骨清，六碗通仙靈。
七碗吃不得也，唯覺兩腋習習清風生。
蓬萊山！在何處？
玉川子乘此清風欲歸去。

《七碗茶歌》——唐．盧仝

第四章 暢飲中國茶

茶，早已是中國人日常生活不可少的飲品。茶，可獨自慢飲，也可與親朋細品；可在差旅中與美景相配，也可在辦公室飄出一刻放鬆。

茶事，便是人生事。正如對待不同的人要有不同的態度，不同的場合、招待不同的人也需選擇不同的茶。想要泡上一壺好茶，泡茶用水、茶具、火候都要講究而不能將就。若泡茶步驟每一步都到位，很難得不到一壺值得誇讚的好茶，這也正如人生一般，不疾不徐，走好每一步，才能通往成功。

而立、不惑、耄耋

人生如逆旅，我亦是行人。處於不同年齡段的人有著不一樣的人生經歷和感悟，當然也有不同的飲茶偏好和健康需求。

泡茶之水、器、火的選擇

現代化的生活方式，常常將人置於喧囂之中，心境也隨之起伏動蕩。若人心浮躁，解法之一便是靜下來、慢下來。泡茶，便是再合適不過的了。泡茶之人不僅要懂得茶葉的色、香、味、形，還得仔細琢磨如何泡出一壺好茶。

明人許次紓在《茶疏》中說:「茶滋於水，水藉乎器，湯成於火，四者相須，缺一則廢。」

茶、水、器、火四者是泡一壺好茶的講究所在，每一步都需做到極致。這種精細，也是茶文化的內涵。對於泡茶人來說，在每一個步驟中，都能感受到精力的集中，收獲內心的平和。可以說，耐心之人，在泡茶中享受慢節奏；缺乏耐心的人，也能在一次一次的操作中，感受到泡茶的樂趣，培養耐性。而回歸到茶的本質，恰到好處的沖泡方式，一則盡可能溶出品質成分在恰當的範圍；二則盡可能減少風險物質的溶出；三則讓湯色賞心悅目。如此，茶湯的色、形、滋味和健康價值才能得到最優的呈現。

泡茶之水

「茶性必發於水，八分之茶，遇十分之水，茶亦十分矣。」在成書於明代的《梅花草堂筆談》中，作者張大復肯定了好水對好茶的決定性影響力。水是茶葉中品質成分的溶劑，也是茶香茶味的承載者。只有選對了泡茶的水，才能泡出一杯茶湯清亮、茶味清新、口感純正的好茶。

按照唐代陸羽知名的《茶經》中的講法，泡茶選水遵循「山水上，江水中，井水下」的準則。意思是山泉水為最佳，江河水次之，井水再次。這不僅僅是古人的「偏執」，現代科學對陸羽的看法也提出了很好的解釋。

中國農業科學院茶葉研究所比較了用不同水泡茶的區別。結果發現，用來自杭州的純淨水、礦物質水、山泉水以及自來水沖泡綠茶、烏龍和紅茶，會因為水質的差異影響茶湯的化學組成、感官品質和抗氧化活性。礦物質水和自來水沖泡，茶的滋味、兒茶酚含量和抗氧化能力都顯著低於純淨水。進一步研究發現，茶葉中有效成分的溶出與水的電導率和pH有關。電導率是一種與水中礦物質含量密切相關的指標，通常水中的礦物質越多，傳導電流的能力越強，電導率也就越高。pH則是衡量酸鹼性的指標，pH越高，表明鹼性越強；反之則酸性更強。結果發現，溶出到茶湯的兒茶素含量隨電導率升高而降低，穩定性隨pH升高而變差。降低水質的pH和電導率能改善茶的滋味，增加兒茶素的含量。最終的研究結論是，純淨水和山泉水更適合沖泡綠茶和烏龍茶，而具有低pH和適宜的離子濃度的山泉水最適合沖泡紅茶。

「融雪煎香茗」，「分泉謾煮茶」，古人們用詩意的方式實踐飲茶的科學。酸鹼度適中、硬度適中，符合衛生標準又清冽甘甜的水將賦予一杯茶靈魂之味。現在我們對水質有了更為深刻的認識，生活飲用水不得含有病原微生物、危害人體的化學物質、放射性物質，而且應該具備良好的感官性狀，並經過消毒處理。因此，對於普羅大眾而言，選擇安全衛生的生活飲用水可能是最為省心、

便捷的方式。反觀雪與泉，由於受現代地球環境影響，品質差異較大，且與往昔已然不同。恐怕只有在環境保護得當、空氣和水源純淨的地區，才能幸運地享受接一抔雪、一瓶泉的愜意了。

如何用自來水泡茶？

自來水是我們日常生活中最容易獲得的水。自來水雖然衛生安全，但往往氯氣含量較高，因此可能會影響茶湯的滋味和色澤，用自來水泡茶時，有兩種方法：一是延長煮沸時間，讓氯氣充分揮發；二是可以用淨水器過濾或用乾淨容器盛放並靜置一天一夜後再煮沸泡茶。

烹茶之器

如果說水賦予茶靈魂，那麼茶器的選擇就決定了一杯好茶的筋骨。茶器的選擇影響茶的品相，也體現出泡茶人的審美與修養，精神與風格。茶具選得好，就會與泡茶人的心境和所處的環境相得益彰。

早在西漢時代，辭賦家王褒就在《僮約》中寫到「烹茶盡具」，這是關於中國茶具的最早記載。唐宋時期，茶文化發展得如火如荼，但飲茶的方法與今天有很大差別。唐朝時期的茶以餅茶為主，需求把製成茶餅的茶碾碎後再煎煮飲用。茶器的繁複程度也達到了一個頂峰。陸羽在茶經中記載的茶具就有28種之多，用於烤茶、研茶、取茶、煮水、品飲等一系列複雜的過程。到了明代，朱元璋「廢團茶」，散茶興起，飲茶方法也從「煮茶法」發展成「泡茶

法」，茶具發生了根本性變化，出現了泡茶用的茶盞和茶壺。直至今日，茶壺和茶盞都是我們泡茶的主要茶具，只是材質更加豐富多樣。

秦漢以前

茶具與酒具、食具共用

◎ 陶製的缶

隋唐以前

出現專用茶具，但與其他飲具區分不嚴格

◎ 出現青瓷茶具

唐

出現完備的（煮茶）茶具組合

◎ 貯茶、炙茶、煮茶、飲茶器具

◎ 民間多以陶瓷為主，皇室宮廷多以金銀金屬茶具為主

◎「南青北瓷」共處，即浙江越窯青瓷和河北邢窯白瓷

宋

延續唐而較唐更講究

◎「鬥茶」風盛行，飲茶用盞不用碗，崇尚黑釉建茶盞

元

記載較少

明

「煮茶法」改為「泡茶法」，開闢茶具新潮流

◎「碗泡口飲」，出現一套三件的蓋碗茶具，即茶盞；但用的茶盞已由黑釉茶盞變為白瓷或青花瓷茶盞

◎「壺泡杯飲」，崇尚瓷製或紫砂製的小茶壺

◎ 福州的脫胎漆茶具、四川的竹編茶具、海南植物（如椰子等）茶具也開始出現

清

種類和造型延續明代，但工藝更精湛

◎ 粉彩、琺瑯彩出現，還出現了脫胎漆茶具、四川的竹編茶具等

◎「景瓷宜陶」最為出色

近代

材質更加異彩紛呈

◎ 陶瓷為主，也有瑪瑙、水晶、琺瑯等現代材質茶具

現代茶具根據材質不同，常見的有陶器茶具、瓷器茶具和玻璃茶具。不同材質茶具的散熱性、透氣性，對香氣的吸附和釋放特性都會不同，適合泡不同的茶。但用什麼茶具更適合只是相對而言的，日常泡茶時，還是要根據實際條件和個人習慣來決定。並且，茶具的使用習慣也有明顯的地區間差異——江浙一帶飲用綠茶，一般用玻璃杯；北京喝花茶，習慣用蓋碗；廣東地區喝工夫茶，要用全套的工夫茶具；傳統飲用黑茶的地區，則需求煮茶用的茶壺。隨著六大茶類在中國的普及，不同的茶具也隨之傳播，形成了各種新的飲茶風尚。

陶器茶具

陶器茶具色澤上主要由紫色或紅色的陶泥燒製而成，器具內外都不上釉，視覺上給人一種古拙又典雅大氣的審美情趣。

陶器茶具中最為知名的要數宜興紫砂壺。紫砂壺成陶火溫較高，燒結密致，胎質細膩，內外不敷釉；不滲漏且透氣，可以吸附茶汁、蘊蓄茶味，熱天盛茶不易酸餿，且在冷熱劇變的情況下不易破裂。由於陶泥特有的材質表面布滿「微小」氣孔，在茶汁的自然浸潤下會日益顯得光澤美麗，所以也有「養壺」的說法。好的紫砂壺講究三平，即壺嘴、壺鈕、壺把三點一線，既有利於茶水倒出，又有一種中正平和的獨特美感。

發酵程度越高的茶越適合用紫砂壺等陶器沖泡，如烏龍茶、紅茶和黑茶，老白茶也可以用陶器來沖泡。而綠茶、黃茶、白茶、花茶則不太適合。

瓷器茶具

瓷器選用特有的高嶺土燒製而成，與陶器相比，瓷器施釉，窯溫也更高，表面光滑圓潤。在瓷器茶具中，白瓷、青瓷都是不錯的選擇。當然也有青花，粉彩等有繪畫裝飾圖案的瓷器茶具，還有以建盞等為代表的窯變釉色瓷。瓷器（瓷壺、瓷杯、蓋碗）傳熱不快，保溫適中，所有的茶類都可以用瓷器沖泡。

玻璃茶具

現在還湧現出了耐熱玻璃等新型材質的茶具，更適合觀賞沖泡過程中茶葉起伏舞動的美感。綠茶、黃茶、白茶、花茶可以選擇玻璃茶具沖泡。

此外，除了泡茶喝茶用的茶壺、茶杯、蓋碗以外，還有一些常用的輔助泡茶器具，例如放置茶壺並承接漏水的茶盤（壺承）、擦拭茶盤用的茶巾、放置茶杯的杯托以及茶道「六君子」等。

茶道「六君子」，從左至右依次為茶漏、茶針、茶匙、茶勺、茶夾、茶筒

茶漏：也稱茶斗，放在壺口上漏取乾茶，防止茶葉落在壺外。

茶針：它的妙用是疏通細小的茶壺壺嘴，以防茶葉堵塞。

茶匙：將泡茶後的葉底從壺中取出。

茶勺：把茶罐中的茶盛入茶壺中需求用到它，有些地方也稱為「茶則」，可以避免皮膚上的汗水和汙漬汙染茶葉。

茶夾：夾起移動茶杯，以免用手觸碰導致不潔不雅。

茶筒：是放置茶藝用具的小筒狀器皿。

火候功夫

和中式烹飪一樣，泡茶也講究火候功夫。具體說來，就是要掌握泡茶的水溫、合宜的沖泡時間，以及恰當的投茶量。其目的，是把茶葉中蘊含的品質成分透過水浸出溶解，控制這些成分在合理的含量和比例，給予飲茶者最佳的感官體驗。

中國古人很早就知道水溫對茶湯品質的影響，因此對於煮水的火候有著細緻的觀察和記載。陸羽《茶經》記錄，泡茶有三沸。一沸時，「如魚目，微有聲」，這時候水的火候不到，茶葉也沒有泡夠。二沸時，「邊緣如湧泉連珠」，這時候最為適宜。三沸時「騰波鼓浪」，就已經是過猶不及了。唐代的茶葉主要是綠茶，從這一記載中就可以看出，沖泡綠茶的適宜水溫要比沸水低一些。現在我們生活中的茶葉種類繁多，不同種類茶葉的品質成分存在差別，溶出的特徵也有所不同。因此，對於不同的茶葉，需求控制和掌握不同的水溫和沖泡時間。基本的原則是嫩葉茶水溫低、老葉茶水溫高；對於同一壺茶來說，前幾泡時間短，越到後面時間越長，有利於充分發揮茶葉的餘韻之美。需求注意的是，需低溫沖泡的茶，應先將水燒開後再涼至所需求的溫度。

茶葉類別		沖泡水溫	茶水比	是否需求潤茶	沖泡時間及次數
綠茶	細嫩綠茶（西湖龍井、碧螺春等）	70～80°C	1：50	否	玻璃杯沖泡品飲，可續水沖泡3次
	其他綠茶（六安瓜片、太平猴魁等）	＜85°C			
白茶	白毫銀針、白牡丹	80～90°C	1：40	否	第一泡20秒內出湯為宜，以後每泡增加20~30秒。一般可沖泡4~6次
	貢眉、壽眉、餅茶	沸水沖泡或煮茶			
黃茶	黃芽茶	80～85°C	1：40	否	第一泡20秒內出湯為宜，以後每泡增加20~30秒。一般可沖泡3~4次
	黃小茶和黃大茶	90～95°C			
烏龍茶	白毫烏龍等嫩採烏龍茶	85～90°C	1：20～1：30	是，悶潤3秒	第一泡茶悶茶時間10~20秒，以後每一泡順延10~30秒。一般可沖泡5~7次
	鐵觀音、武夷岩茶等開面採烏龍茶	沸水			
紅茶	芽葉細嫩的紅茶	90～95°C	1：30～1：50	否	第一泡3~5秒，以後每泡增加3~5秒。一般可續水沖泡3~5次
	其他	沸水			
黑茶	黑茶	沸水	1：30～1：50	是，潤茶1~2次，每次3秒	第一泡1分鐘左右，隨著沖泡次數遞增，時間從1分鐘逐漸增加至數分鐘。一般可沖泡7~8次
花茶	花茶	90°C	1：50～1：60	否	沖泡3分鐘左右，通常能沖泡2~3次

專業泡茶篇

世人懂茶、愛茶、敬茶，茶文化也應運而生。一壺茶，不僅僅是水與茶的簡單相會，其間更蘊含著茶人的處世之道、待人之禮。講究的泡茶方式，也折射了一代又一代中國人的生活態度。

泡茶講究茶道禮法。泡茶時的著裝除了風格、顏色要與茶席、茶具相配以外，需求注意盡量避免穿袖口寬鬆的衣服，用夾子固定領帶或者飾品，盡量避免戴手錶、手鏈等飾品，以防泡茶過程中勾倒茶具；頭髮要梳緊，妝容要淡雅，不使用香氣太重的化妝品或香水，以免影響茶葉的香氣；泡茶時，身體要坐正坐直，身體距離茶桌保持一拳半至兩個拳頭的距離為宜；泡茶過程中動作要輕，要「輕言輕語、輕拿輕放、輕手輕腳」，不可讓茶具發出碰撞的聲音。

焚香品茗，自古以來是文人雅集不可或缺的一部分，明代萬曆年間的名士徐𤊹在《茗譚》中說道：「品茶最是清事，若無好香在爐，遂乏一段幽趣；焚

香雅有逸韻，若無名茶浮碗，終少一番勝緣。是故，茶、香兩相為用，缺一不可，饗清福者能有幾人？」當香和茶相結合，便勾畫出了高雅的生活美學。沉香和檀香都是不錯的選擇，能夠幫助調節情緒，靜心安神。

一切準備就緒後，就到了最重要的泡茶環節了。不同的茶適合不同的沖泡方法，通常綠茶、黃茶、白茶和花茶適合用玻璃杯沖泡，烏龍茶、紅茶、黑茶適合用紫砂壺沖泡，而蓋碗適合沖泡所有的茶類。下面分別介紹玻璃杯泡茶法和蓋碗泡茶法，紫砂壺泡茶方法同蓋碗泡茶法，在此不再詳述。

玻璃杯沖泡法

備茶　用茶勺盛取適量茶葉放到茶荷中，然後遞給客人鑑賞茶葉外觀。

溫杯　選擇直筒、透明、無花的玻璃杯，將沸水沿杯壁四周緩緩注入杯中，轉動茶杯將杯子的每個部位都溫潤到，然後將水倒掉。

投茶與注水　投茶方法可以分為上投法、中投法和下投法。上投法：向杯中注入溫度適宜的水至七分滿，再投入茶葉；中投法：向杯中注入少量的溫度適宜的水，再用茶匙將茶勺中的茶葉撥入杯中，待茶葉舒展後再注水至七分滿；下投法：將茶葉撥入杯中，再注水至七分滿。注水的時候要注意沿著杯壁注水，避免直接對著茶葉沖水。

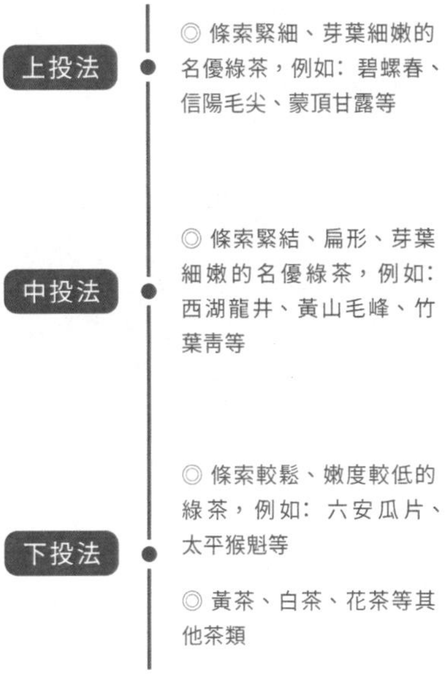

上投法
◎ 條索緊細、芽葉細嫩的名優綠茶，例如：碧螺春、信陽毛尖、蒙頂甘露等
中投法
◎ 條索緊結、扁形、芽葉細嫩的名優綠茶，例如：西湖龍井、黃山毛峰、竹葉青等
下投法
◎ 條索較鬆、嫩度較低的綠茶，例如：六安瓜片、太平猴魁等
◎ 黃茶、白茶、花茶等其他茶類

聞香與品飲　聞香的時候對茶只能吸氣，不能呼氣。要先側頭吐一口濁氣，然後再吸一口茶香，然後再側頭吐一口氣。聞香之後就可以品茶了，品飲至茶湯剩餘三分之一時，再續水。

泡茶小建議——燙水溫杯

泡茶前宜先用燙水溫杯，這不僅是潔淨茶具的需求，更重要的是可以提高茶具的溫度，在後續沖泡茶葉時，不會因為茶具太涼降低水溫，影響茶湯滋味與香氣。河南大學一項關於沖泡信陽毛尖茶的研究提供了參考數據。將信陽毛尖茶置於紫砂、陶瓷、玻璃茶具及紙杯中分別沖泡，發現冷杯直接沖泡時，茶多酚、胺基酸、茶多醣和咖啡鹼在紫砂茶具中的溶出量相對較小；而溫杯後再泡，則茶具之間不存在明顯的差異。

蓋碗沖泡法

備茶　散茶可以用茶勺盛取適量茶葉放到茶荷中。如果是餅茶、磚茶等緊壓茶，先用茶刀撬起適量的茶放入茶荷。餅茶要從餅背中心的凹陷處開始，將茶刀從凹陷處插入到茶中，向四周放射性的撬起適量的茶；磚茶要把茶刀從茶磚側面沿邊緣插入到茶中，一邊用力一邊將茶刀再往茶磚裡推進，然後向上用力把茶磚撬開剝落，再用同樣的方法順著茶葉的間隙一層一層的撬開。

溫杯　用沸水沖洗蓋碗、公道杯和品茗杯。

投茶與搖香　用茶匙將茶荷中的茶分三下撥入蓋碗中，蓋上碗蓋，用大拇指按住杯蓋，在胸前緩緩地、由外向內有幅度地震盪三下，揭蓋聞蓋碗裡和蓋子上的香氣。聞香時，用左手托杯底，右手將杯蓋打開一條縫隙，杯蓋、碗及杯底不分離。

洗茶與沖泡　烏龍茶、黑茶、老茶、緊壓茶需求洗茶。洗茶，一是為了清洗茶葉；二是可以讓乾燥的茶葉吸水舒展開來，便於滋味物質的溶出與香氣物質的散發；三是可以喚醒茶的茶性，尤其是老茶。因此，洗茶也稱潤茶、醒茶。洗茶時水量以剛剛沒過乾茶為宜，水溫同泡茶的水溫，洗茶時間不多於3秒。然後注水泡茶，浸泡時間因茶的種類而異，詳見第一章。

沖泡時，一般前幾泡注水後，蓋碗的蓋子不要全部蓋嚴，要留出一定的縫隙，防止沖泡的茶湯過濃，並能凸顯茶葉的香氣；末尾幾泡注水後，要全部蓋嚴蓋碗，悶泡一定的時間後出湯；對於年分較長的茶或者原料粗老的茶葉可以從開始就用悶泡的方法沖泡，用「悶」來激發茶的內韻。

出湯之後，在下一泡注水之前，蓋碗內的餘溫依然很高，蓋嚴蓋子容易「悶」到茶葉，影響後續沖泡茶湯的滋味，建議不蓋蓋子或者斜蓋蓋子，留出一定的縫隙。

分杯　將公道杯中的茶湯倒入品茗杯中。需求注意的是，倒茶要倒七分滿，不可全倒滿。俗話說：敬酒八分滿，敬茶七分滿。之所以這麼說，是因為酒是冷的，茶是熱的，如果把茶倒滿，在端的過程中有可能會燙到。倒七分滿的茶同時也能體現出對對方的敬意。

聞香與品飲　聞一聞香氣，觀察茶湯，然後享用一杯茶。

辦公室泡茶篇

喝茶，原本講究的是一個慢功夫。不僅選茶、選水、選茶具樣樣有講究，而且品茶時也得細細品味，最忌牛飲。但是，對於忙碌的上班族來說，這樣煩瑣的步驟過於奢侈。這裡我們提供一些小技巧，在辦公室也能輕鬆泡一杯好茶，在忙裡偷閒中享受茶香帶來的那份閒情逸致。

在辦公室飲茶，茶具就需求強調操作簡單、使用方便，同時也不能損失泡茶的樂趣。在辦公室可以選擇用高筒玻璃杯、蓋碗或者小紫砂壺按照上文的方法沖泡適合的茶類。如果能再配上一個木質或竹製的小托盤，再加上一塊小茶巾，在辦公室也能有格調地泡茶喝茶。

保溫杯也是現在非常流行的辦公室新興泡茶用具，集泡茶和飲茶於一體。還因為「養生」屢被調侃。保溫杯的好處是溫度長期處於較高的狀態，有利於茶葉成分的充分溶出，且維持茶湯在熱騰騰的狀態，因此特別適合普洱茶、磚茶等後發酵茶。早晨泡好一大壺茶，可以出門喝一整天，乃日常飲茶神器。保溫杯裡往往會配備一個濾茶網，防止誤飲茶葉。除了茶葉，還可以根據時令和個人身體情況泡枸杞、菊花、羅漢果等，非常方便。

除了以上幾種茶具，現在市場上還有一些很適合辦公室飲茶的新興茶具，其共同的特點是可以用簡單的器具實現茶水分離，從而減少茶葉在熱水中浸泡的時間，一則降低茶多酚和咖啡鹼過度溶出帶來的苦澀感，二則減少重金屬等有害物質的溶出，三則避免茶葉吃進嘴裡的尷尬。飄逸杯是使用最廣的一種，其綜合了普通玻璃杯和工夫茶具的特點，分為內杯和外杯兩部分。內杯盛裝茶葉，外杯加開水沖泡，透過特製按鈕濾出茶湯。飲後茶渣直接倒出，清洗內杯即可。飄逸杯攜帶、存放方便，透過溫杯、置茶、沖泡等簡單幾步，就可以得到一壺好茶。除了大眾化的飄逸杯，國內外設計師們還別出心裁地設計了各種獨特而美觀的茶具，也適用於辦公一族。

旅行泡茶篇

對於愛茶人來說，茶是生活必不可少的一部分。即使出差或旅行，也離不開泡茶飲茶。旅途中，泡一壺好茶，眼前欣賞的是異鄉的風景，身心則在茶香浸潤中安靜恬然。

對於愛茶人來說，自備茶葉和茶具是差旅出行所必備的。只要有效利用便攜茶具，掌握合適的方法或小技巧，出差旅行時也可時時有茶香相伴。

便攜泡茶套裝泡茶法

便攜泡茶套裝是近年專為出門在外的旅行者設計的新型一體式茶具。一般的便攜套裝都會包含以下一些部件。

首先是蓋碗，又稱三才碗。分為茶碗、茶蓋、茶船三部分。暗合中國傳統哲學中天、地、人的和諧統一，因此有三才之稱。使用蓋碗泡茶時，要在茶碗和茶蓋間留有縫隙，這樣才能更好地浸出茶湯。

品茗杯。顧名思義，是品茶飲茶的器具。選擇套裝時可以看好品茗杯的材質和形狀，選擇最適合自己的那一款。

最後還有一方小茶巾。可以擦洗器皿，也能墊在桌邊，防止茶漬浸潤。

選用便攜套裝泡茶，可以配上礦泉水或純淨水。使用客房內的電加熱壺加熱燒開，然後再按步驟沖泡，即可在旅途中也品嘗到自家好茶了。便攜茶具不僅有適合單人使用的，也有4～5人的家庭裝，可以根據需求選擇。

冷泡法

冷泡法是這幾年新興的泡茶方式，是將茶葉置於冷水或者冰水中，使內含物慢慢溶出，減少高溫的破壞，增加茶湯中胺基酸的比例，有助於降低茶湯的苦澀度，獲得甘甜鮮爽的滋味。

冷泡法適用於綠茶、白茶這些甘爽型的茶葉，但不適用於烏龍茶、烘焙型紅茶等高香茶。因為只有在熱水沖泡下，這些茶中的揮發性香味物質才能充分逸出。冷泡法通常需求較長的時間，例如常溫沖泡龍井1小時，其呈味物質與熱泡法4分鐘大致相當。冷泡法的賞味沖泡次數也會低於熱泡法，一般沖泡2次後，茶湯已經基本無味。

冷泡茶選水也不能馬虎，一般選用涼的白開水沖泡。出門在外，方便起見，可以直接選擇購買常溫礦泉水或純淨水代替。

如果你還有車載小冰箱，不妨試試把冷泡茶放在其中冰鎮一段時間。在炎炎夏日，口感更加清冽，還有解渴消暑的功能。

值得一提的是，一部分茶客採用冷泡法，不只考慮口感、便捷等因素，還擔心燙茶對口腔和食道造成傷害。其實燙傷的確應該避免，但是並沒有確切研究證明燙茶增加食道癌的風險，所以傳統茶客不用特別擔心茶水的溫度。倒是邊喝茶、邊吸菸喝酒的習慣，非常不健康，應該予以糾正。

家庭聚會篇

「泛花邀坐客，代飲引情言」，客來敬茶，是中國人的傳統美德。上至慶祝重大節日，招待各國貴賓；下至慶賀良辰喜事，招待親朋好友，茶都是必備的款待物。家庭親友相聚時，通常都會泡茶來彰顯待客之道，同時，飲茶也可以營造良好舒適的聊天氛圍，拉近彼此的距離。

家庭聚會，人比較多的時候，需求提前準備好熱水，用大壺先泡好一大壺茶，或者選擇煮茶的方式煮好一大壺茶，讓每一位客人到來時都可以先喝到一杯迎客茶，從而能夠安定下來。

聚會的人都到齊後推薦採用「茶壺+公道杯+品茗杯」的方式，一邊品茶，一邊聊天。這樣的茶席設計，既保留了傳統的典雅，又顯得更加時尚便捷，所以也是許多家庭的茶席「標配」，喝茶人數較多的情況下配置這樣的茶具會十分合適。

茶壺可選擇宜興紫砂壺。紫砂是一種特殊的黏土，只在宜興市發現。紫砂也是所有工夫茶的首選沖泡容器。一般來說，在沖泡工夫茶時，優選250毫升以下的小紫砂茶壺。公道杯，作用主要在於均衡茶湯。將沖泡好的茶湯注入公道杯，再分茶入杯，使得每一個人手中的茶湯滋味相同。品茗杯可讓每位客人在溫度恰到好處的同時享用茶水。此時品茗杯個數應與人數匹配。

餐前餐後，對茶的選擇也有講究。

用餐前客人位於客廳進行閒聊，此時宜選用綠茶、白茶、紅茶等清香、平和的茶，目的在於清口以增進食慾。而且餐前喝點茶，可以讓客人放輕鬆，不要太過於拘束，對接下來的用餐氛圍也起到調節作用。

在吃過豐盛的一餐之後，應當貼心地為客人準備一泡去膩、消食的茶，例如烏龍茶或黑茶。這些茶不僅可以促進脂肪消化，消除客人們腸胃飽脹的不適感，還能減輕酒精對人體的損傷。更重要的是，能夠消除口中的飯菜餘味，以便飯後與他人交談。餐後宜於小憩間少量輕飲、清口解油膩為佳；不宜立即大量飲用濃重茶品，以避免影響消化和一些營養成分的吸收。如希望大量飲茶，宜在餐後一小時。

待客小提示

奉茶。雙手奉上，注視對方並面帶微笑說一聲：「請喝茶。」面帶微笑並說請用茶時，也會讓對方感到主人的誠意。

添茶要及時。在親友小聚時，茶具一般是放在主人的那邊。如若不及時主動地添茶，讓親友自己添茶不僅不方便，而且顯得不禮貌。所以看到對方杯裡的茶喝完要及時為親友添茶。

何時收拾茶具？客人在時，不能收拾茶具。就算中途有一兩個親友離席，也不要去收拾茶杯，會顯得不禮貌。要等全部親友都離席走後，方可再來收拾茶具。

這些泡茶方式看起來瑣碎，但是其實學起來並不難。慢慢嘗試之後，會讓家人親友感覺十分溫馨，得到十分不錯的招待，彼此之間的關係也會更加緊密。

閨蜜小聚篇

閨蜜之間喝點下午茶已經成為一種時尚的生活方式，很多時候小姐妹們都會相約去外面的下午茶餐廳打卡、聊天、吐槽一下彼此之間最近的生活。相比於外面的茶餐廳，家裡的氛圍更加輕鬆舒適，自製的茶飲更加健康而飽含情誼。接下來我們就仔細介紹一下閨蜜小聚的用茶教程，讓小姐妹們在家也能擁有完美的下午茶趴！

作為貼心的閨蜜，自帶顏值的花茶一定是首選。花茶的茶味與花香巧妙地融合，構成茶湯適口、韻味芳香，兩者珠聯璧合，可謂完美搭配。同時飲花茶不僅是有顏值，還是養生之選。如常見的玫瑰花茶，香氣濃郁，滋味甘美，有活血養顏的功效。再如茉莉花茶，不僅香味誘人，還有驅除寒氣、振奮精神的作用。金銀花茶更是有清熱解毒的奇效，並且有淡淡的甘甜。你的小姐妹一定會喜歡的！

茶具可選用白瓷、青瓷、粉彩瓷器的瓷壺、蓋碗、蓋杯等。花茶在沖泡時需求進行悶泡，蓋子可使香氣聚攏，揭蓋聞香時，才能最好地體現出花茶的品質。水最好使用山泉水、純淨水等。

此外，紅茶也是很好的選擇。紅茶一直是下午茶的主角。英式下午茶常選用伯爵茶、大吉嶺茶、錫蘭茶調配奶茶。而中國紅茶種類更豐富，花果香馥郁的紅茶與女性美格外相稱。事實上，在這些新世界的茶葉興起之前，正山小種等福建茶葉被英國貴族視為最高級的紅茶。因此，如果飲用純茶而非奶茶，更加推薦中國各地特色的紅茶品種。如果你的閨蜜們近期常熬夜、壓力大、作息不規律、總用手機和電腦，建議提供龍井、碧螺春等香氣四溢的綠茶。綠茶除

去具有一般茶葉的保健功能外，還具有抗衰老、排毒減肥、清熱降火等功效。

一期一會，是由日本茶道發展而來的詞語。在茶道裡，指表演茶道的人會在心裡懷著「難得一面，世當珍惜」的心情來誠心禮遇面前每一位來品茶的客人。人間團聚樂，親友常相伴。應景布席，因人擇茶，報以對方最大的誠意，便是一次完美的聚會。

生活裡的茶

Tea in Life

年輕人飲茶推薦

在慣常的思維中，年輕人更喜歡速食、碳酸飲料，與喝茶沾不上邊。實際上選好適合自己的茶，年輕人也能感受到喝茶的樂趣。年輕時氣血充盈，健康狀況較好，不少年輕人熱衷於各種冷飲，而人體的正氣並非取之不盡用之不竭，冷飲會逐漸耗傷體內正氣，讓衰老提前到來。因此，比起冰冰涼涼的碳酸飲料，喝茶更有助於健康。綠茶是春天的代表性茶，清新嫩綠的顏色就像年輕人青春活力的生命狀態，稚嫩但卻充滿希望。年輕人元氣足、心火旺，清潤的綠茶恰如一泓清泉，滋養與平衡著年輕人的青春活力。泡綠茶時水溫不宜過高，否則茶葉會變得枯黃而泛苦，失

第一章 認識中國茶

中國是茶的故鄉，中國人飲茶相傳始於神農時代，距今已有4 700多年的歷史，漫長的歲月成就了種類繁多的中國茶。

根據生產工藝不同，中國的傳統茶葉大致可以分為六類：綠茶、白茶、黃茶、紅茶、烏龍茶和黑茶。根據2014年中國發佈的茶葉分類國家標準（GB/T30766—2014），茶葉還有第七類，在平時所說六大茶類的基礎上多了一個再加工茶。花茶、緊壓茶、袋泡茶、茶粉等再加工茶類都是在傳統六大茶類基礎上衍生而來的。

綠茶

[GREEN TEA]

炒青綠茶

烘青綠茶

曬青綠茶

蒸青綠茶

白茶

[WHITE TEA]

芽　型

芽葉型

多葉型

黃茶

[YELLOW TEA]

芽　型

芽葉型

多葉型

烏龍茶

[OOLONG TEA]

閩南烏龍茶

閩北烏龍茶

廣東烏龍茶

臺式烏龍茶

其他烏龍茶

紅茶

[BLACK TEA]

紅碎茶

工夫紅茶

小種紅茶

黑茶

[DARK TEA]

湖南黑茶

四川黑茶

湖北黑茶

廣西黑茶

雲南黑茶

其他黑茶

再加工茶

[REPROCESSING TEA]

花　茶

緊壓茶

袋泡茶

茶　粉

茶葉分類依據

茶葉分類的主要依據是加工工藝，儘管也結合了茶樹品種、鮮葉原料、生產地域等諸多因素，但是加工工藝對茶葉產品特性差異的影響遠遠超出了茶葉原料等其他因素。

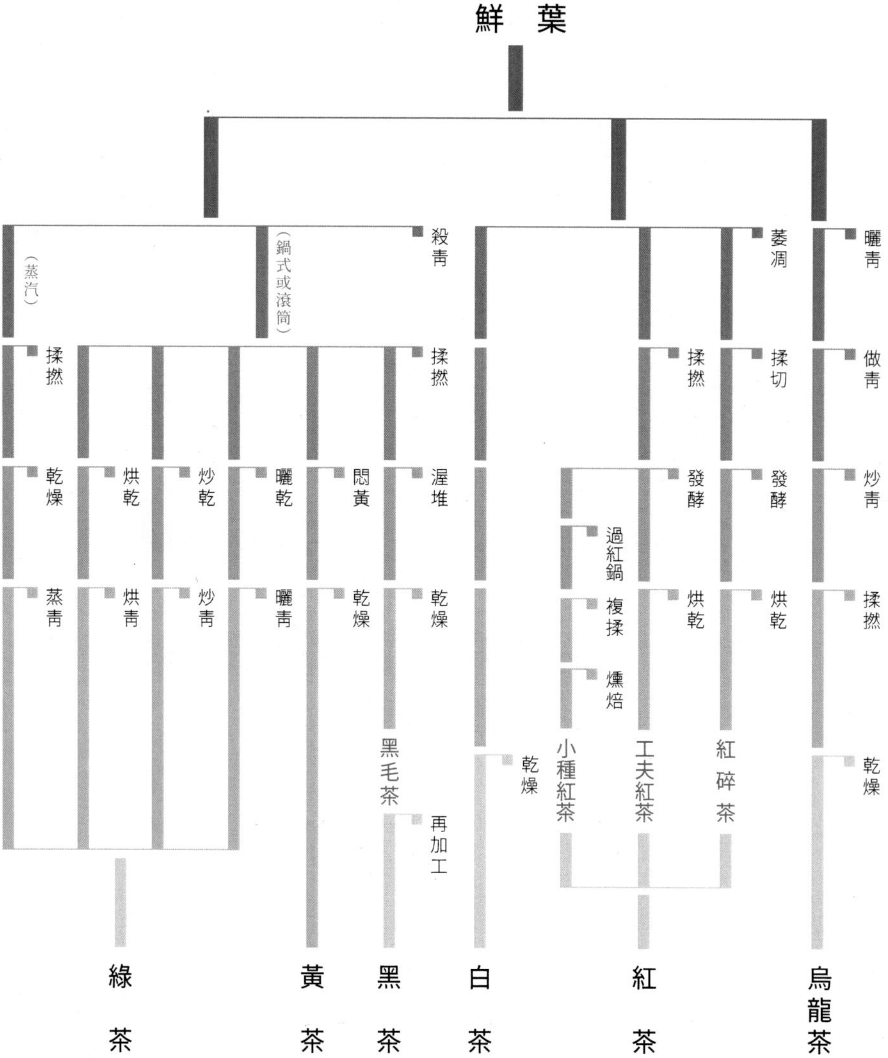

從鮮葉出發，綠茶是第一站。經高溫殺青，鮮葉中的各種酶快速失活，使鮮葉中的化學物質不發生酶促氧化和水解反應，從而最大限度保留茶鮮葉中原有的營養成分。

如果不著急殺青，而是允許茶葉自帶的各種酶類發揮作用，將鮮葉中的茶多酚一點點聚合成茶黃素、茶紅素、茶褐素；蛋白質和肽慢慢水解成呈現鮮味和甜味的茶胺酸等游離態胺基酸；不溶性的醣水解成游離態的可溶性醣……就形成了其他不同的茶葉品類。從綠茶、白茶、黃茶、烏龍茶到紅茶，代表了這種酶促反應從0%～100%的過程，酶的反應程度越高，顏色越深。

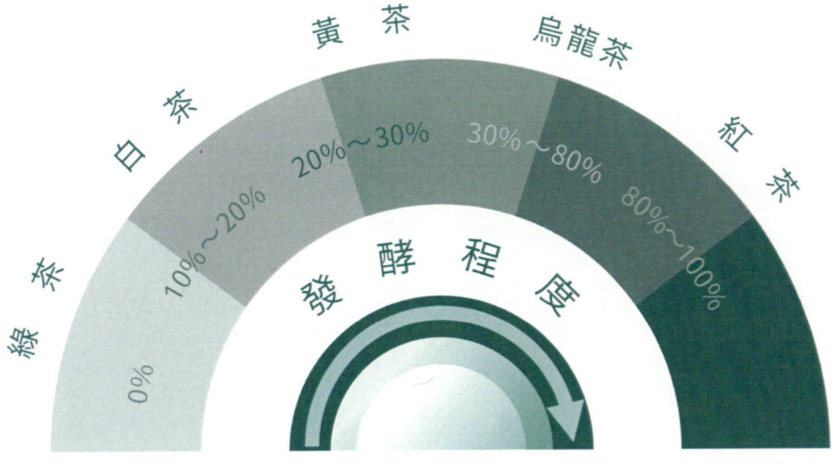

不同茶類發酵程度

與紅茶的全發酵稱謂不同，黑茶被稱為後發酵茶。所謂的「後」發酵，也稱「渥堆」，是指在溼熱、微生物和酶促的綜合作用下，茶葉內含物質成分發生改變的結果。在這個環節，環境中的微生物會進入茶葉內快速生長繁殖，消耗茶葉中的醣、脂肪、蛋白質以及滋味苦澀、對腸胃刺激較大的多酚類物質，生成一系列具有特殊風味的滋味和香氣成分。

黑茶產區地理環境的不同導致溫度和溼度的差異，加之環境微生物不同、原料選用存在差別、加工工藝各具特色，造就了不同品類的黑茶。雲南普洱茶、湖南安化黑茶、陝西涇渭茯茶、廣西六堡茶等耳熟能詳的茶葉，就是各地代表性的黑茶品類。

不同黑茶的主要微生物

普洱茶

- 黑曲黴
- 酵母
- 灰綠曲黴
- 青黴
- 根黴
- 土生曲黴
- 白曲黴
- 細菌類

茯磚茶

- 冠突散囊菌
- 間型散囊菌
- 匍匐散囊菌
- 謝瓦散囊菌
- 阿姆斯特丹散囊菌
- 黑曲黴
- 毛黴
- 擬青黴
- 草酸青黴
- 短密青黴

六堡茶

- 青黴
- 曲黴
- 黑曲黴
- 金黃色散囊菌

青　磚

- 曲黴屬
- 青黴屬
- 散囊菌屬
- 細菌
- 放線菌
- 酵母

康　磚

- 芽孢桿菌屬
- 葡萄球菌屬
- 假絲酵母菌屬
- 黑曲黴屬
- 青黴屬
- 灰綠曲黴屬
- 毛黴屬

綠　茶

延秋園丁

明前嫩芽尖
妙手翻飛拈
玉露潤新綠
乍苦回甘甜

清新雅致，綠茶

綠茶是中國百姓生活中最常飲用的茶類，產量和銷量都位居六大茶類之首，具有「清湯綠葉，滋味鮮爽」的品質特徵。

綠茶的分佈

綠茶產區遍布半個中國，各個茶產區幾乎都生產綠茶。北到甘肅、山東、陝西，南到海南，其他還包括浙江、江蘇、安徽、河南、湖南、湖北、江西、四川、重慶、福建、廣東、廣西、雲南、貴州，涵蓋了南方諸省區。

浙　江	西湖龍井、金獎惠明、千島玉葉、日鑄雪芽（日鑄茶）、泉崗輝白、安吉白茶、顧渚紫筍、開化龍頂、江山綠牡丹、華頂雲霧（天臺山雲霧茶）、雁蕩毛峰
安　徽	老竹大方、湧溪火青、屯溪綠茶、休寧松蘿茶、黃山毛峰、太平猴魁、六安瓜片、敬亭綠雪、舒城蘭花
江　西	廬山雲霧、婺源茗眉、遂川狗牯腦、上饒白眉
山　東	嶗山綠茶、日照雪青、鳳眉茶、浮來青
貴　州	都勻毛尖、湄潭翠芽、遵義毛峰

河南
- 信陽毛尖
- 仰天綠雪

陝西
- 午子仙毫
- 紫陽毛尖

福建
- 南安石亭綠
- 七境堂綠茶
- 寧德天山綠茶

廣西
- 桂林毛尖
- 覃塘毛尖
- 南山白毛茶

湖南
- 高橋銀峰
- 韶山韶峰
- 安化松針
- 石門銀峰
- 古丈毛尖
- 江華毛尖
- 大庸毛尖

四川
- 蒙頂甘露
- 峨眉竹葉青
- 永川秀芽
- 峨眉毛峰（鳳鳴毛峰）

江蘇
- 洞庭碧螺春
- 南京雨花茶
- 金壇雀舌
- 陽羨雪芽
- 太湖翠竹

湖北
- 峽州碧峰
- 雲霧毛尖
- 金水翠峰
- 金竹雲峰
- 天堂雲峰

綠茶的分類與品質特徵

中國綠茶品類繁多，少說也有300種以上，色香味形豐富多樣，分類方法也多種多樣。

最常用的綠茶分類方法是按照殺青和乾燥方式進行分類，分為蒸青綠茶、炒青綠茶、烘青綠茶、曬青綠茶。

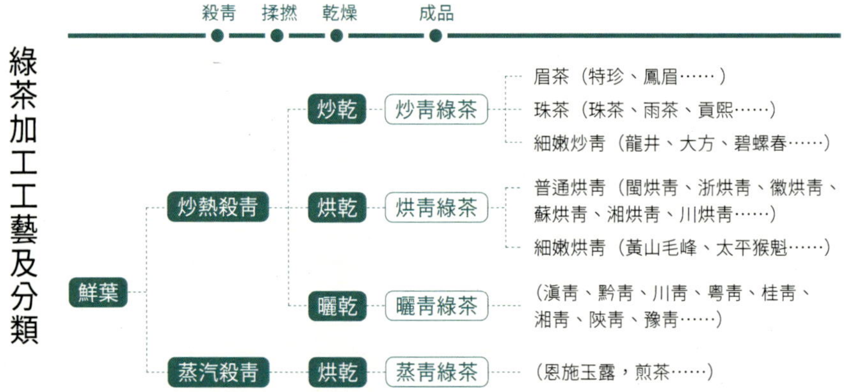

蒸汽殺青是唐代、宋代及明代早期主流的茶葉殺青方式，並在宋代傳入日本，演變成了日本抹茶的生產方式。蒸青綠茶具有「三綠」的品質特徵：乾茶色澤深綠、茶湯淺綠、葉底青綠。滋味鮮爽甘醇，帶有海苔味。

鍋炒殺青出現於明代，由於炒鍋溫度高，有利於栗香香氣成分的生成，香氣高，絕大多數名優綠茶都屬於炒青綠茶。

烘青是用烘籠進行烘乾，香氣一般沒有炒青高，除黃山毛峰、六安瓜片、太平猴魁等少數名優烘青綠茶外，烘青綠茶一般主要用作窨製花茶的茶坯。

曬青綠茶是用日曬的方式進行乾燥，主要用於製作黑茶的原料。

綠茶的儲藏

綠茶重在新鮮，對於綠茶這類重視時令、講究鮮嫩的茶類來說，如何在儲藏過程中最大限度地保持滋味香氣的新鮮感，一直是茶人們所追求的。但也正是因為綠茶未經過發酵，在儲藏過程中需求控制的條件包括氧氣、溼度、溫度和光照，防止由於儲藏不當引起的氧化反應而導致茶葉顏色逐漸變暗、香氣下降、滋味酸化。

綠茶儲藏過程中，溫度對品質的影響最大，基本起到了絕對性的影響。其次是氧氣的作用，光照和溼度的影響最小。研究表明，綠茶的最佳儲存環境條件為溫度≤ 5℃，相對溼度≤ 60%，避光，存放環境無異味，同時乾茶含水量控制在6% ～ 7%以下。

為了實現對綠茶的最佳儲存，最基礎的方法是低溫儲藏。儲存期6個月以內的（可以在6個月內喝完的），可將綠茶裝入厚實、避光、無異味的食品包裝袋（鋁箔複合材料的包裝袋效果最好）或者密封性好的金屬盒中，置於冰箱冷藏室內即可。儲藏期超過半年的，可以放在冷凍室。需求提醒注意的是，茶葉具有吸附氣味的特性，因此在冰箱或冷櫃保存時要避免和其他食品混放，並做好密封，以免串味。從冰箱取出茶葉時，應先讓茶葉溫度回升至室溫，再開袋取出茶葉，否則驟然打開內袋，茶葉溫度與室溫相差過多，極易凝結水氣，以增加茶葉的含水量，使袋中的茶葉加速劣變。

建議在包裝袋中放入乾燥劑和除氧劑，對茶葉保鮮也有一定的好處。早在明清時期，古人就有使用乾燥劑的習慣，他們將茶葉放在內部襯有箬葉的甕或缸中，內放乾木炭或生石灰封密，置於乾燥通風處來驅潮保鮮。

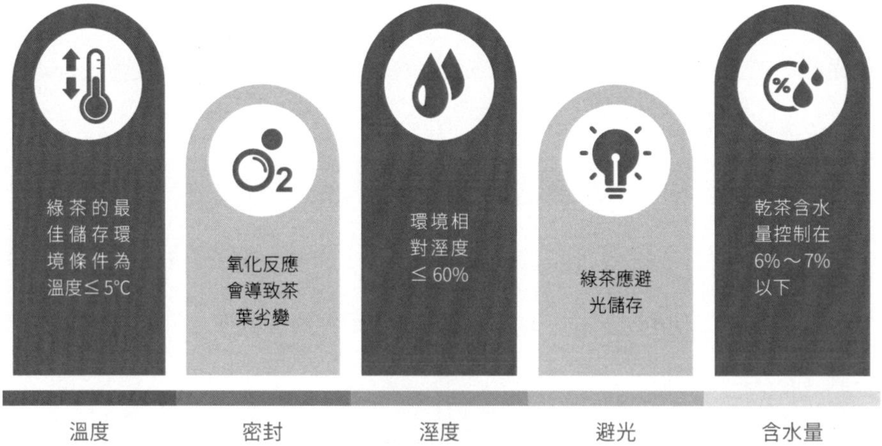

綠茶儲存條件

綠茶的品飲

高檔細嫩的名優綠茶，一般使用玻璃杯或瓷杯，無須加蓋。玻璃杯的好處，一是透明，便於欣賞茶姿；二是便於觀察，防止嫩茶泡熟後失去鮮嫩色澤和鮮爽味道。當然還可以用瓷壺、玻璃壺、蓋碗沖泡。

投茶量的多少可依個人口味而定，一般3克綠茶，150毫升的水為宜，即茶水比1：50為佳。關於沖泡水溫，對於西湖龍井、洞庭碧螺春、玉露等細嫩綠茶可用70～80℃的水沖泡；對於六安瓜片、太平猴魁等採開面葉的綠茶可用80～90℃的水沖泡。一般玻璃杯沖泡品飲，可續水沖泡三次。

西湖龍井

黃山毛峰

恩施玉露

白茶

延秋園丁

輕製韻未殤
毫芒泛銀光
唇齒留鮮爽
功效性清涼

純粹自然，白茶

白茶是中國特有茶類，也是工序最簡單的一種茶類，因此白茶能夠呈現出最拙樸自然的鮮甜口感。傳統的白茶製法，要求採摘福鼎大白茶、福鼎大毫茶、政和大白茶、福建水仙種、上饒大面白等多茸大毫的茶樹品種的鮮葉，不炒不揉，僅經萎凋和乾燥。獨特的原料選擇和簡潔的製作工藝，使得白茶在製成之後，依然能滿披白毫，根根分明，泡水之後更是剔透晶瑩。白毫不僅美觀，而且味道鮮爽的茶胺酸等胺基酸含量極高。白毫中胺基酸含量是葉片的1.3倍，這使得白茶具有一種獨特的「毫香」，清新自然，帶著淡淡的回甘。

白茶的分布、分類與品質特徵

福建省是白茶的發源地，白茶主產區除了福鼎、政和外，還有福建省的松溪和建陽等縣，臺灣也有少量生產。多年來，白茶一直是「牆裡開花牆外香」。自清朝末年起，就開始銷往海外。近幾年，隨著白茶在中國興起，雲南、廣西、廣東、江西、貴州等地也有白茶產品。

白茶根據茶樹品種、採摘標準和加工工藝的不同，可以細分為白毫銀針、白牡丹、貢眉、壽眉、新工藝白茶等。需求提醒的是，這些年流行起來的「安吉白茶」產於浙江安吉，其實是一種極為鮮爽的綠茶品類，因為採摘時葉片呈現白色而稱之為「白茶」。

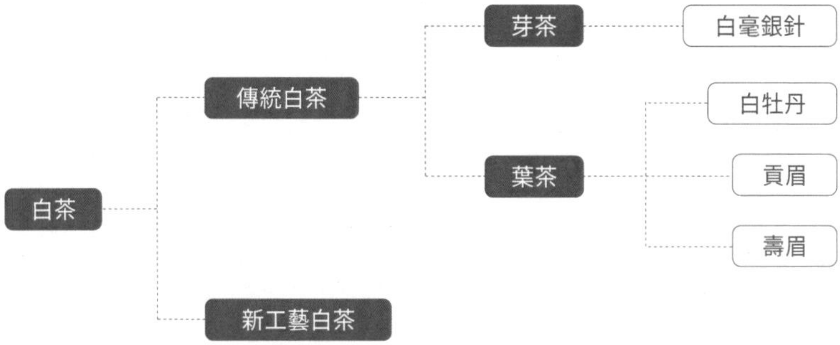

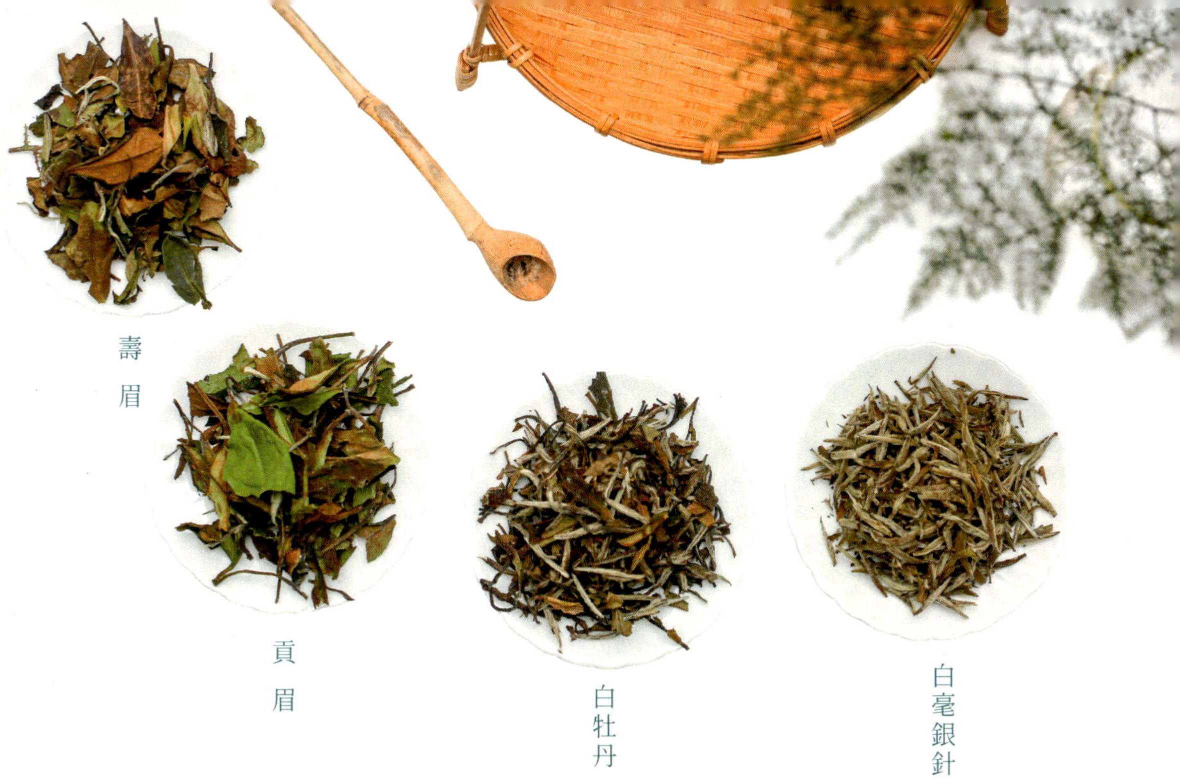

白毫銀針是白茶中的極品，原料主要為採摘自福鼎大白茶品種或政和大白茶品種中春茶嫩梢的肥壯單芽，也有採一芽一葉後到室內剝去葉片後製作而成，俗稱「抽針」。

白牡丹原料以政和大白茶、福鼎大白茶為主，也有用水仙種，採摘頭春的一芽二葉製成。白牡丹因其綠葉夾銀白色毫心，形似蓓蕾，沖泡後宛如牡丹初綻，故得美名，是白茶中的佳品。

貢眉和壽眉的產量約占白茶總產量的一半以上，貢眉以菜茶（當地的有性群體茶樹的別稱）一芽二三葉製成，品質次於白牡丹。這種用菜茶芽葉製成的毛茶因芽毫瘦小，故稱為「小白」，以區別於福鼎大白茶、政和大白茶茶樹芽葉製成的「大白」毛茶。用製作白毫銀針「抽針」時剝下的單葉，或白茶精製中的片茶按規格配製而成的白茶稱為壽眉。

白茶的儲藏

白茶有「一年茶、三年藥、七年寶」的說法，由於白茶未經過殺青，茶葉中的活性酶未被破壞，存放過程中茶葉中小分子茶多酚緩慢的氧化聚合成茶色素，使茶湯的苦澀味逐漸降低，滋味變得更加醇和。香氣由新茶的毫香逐漸轉變為清新的荷葉香（3～5年），再被打磨成清甜棗香（8年以上），最後蛻變成醇厚甜潤的藥香（15年以上）。陳化過程中，有殺菌消炎作用的黃酮類成分不斷增加，這也是老白茶具有保健價值的物質基礎之一。福鼎人將老白茶視為消炎殺菌的聖品，感冒、溼疹、牙齦腫痛，都要泡上幾杯老白茶來喝。

白茶的儲存條件對後期的物質轉化非常重要。白茶儲存溫度宜控制在25℃以下，相對溼度在70%以下。日常生活中，將白茶放在常溫陰涼、通風乾燥的環境中保存即可，注意避光、防潮、防異味。

白茶的品飲

白茶的沖泡有多種選擇，白毫銀針和白牡丹建議選擇玻璃杯和蓋碗沖泡，當然還可以用瓷杯、瓷壺、玻璃壺、紫砂壺沖泡。用玻璃杯沖泡，可以欣賞到白毫銀針、白牡丹在杯中舒展的優美姿態。用蓋碗沖泡，雖無法欣賞到茶葉在水中的曼妙身姿，但是茶葉的香氣和滋味更易顯現。對於貢眉、壽眉以及白茶餅，選擇蓋碗沖泡比玻璃杯更合適。對於存放多年的老白茶可以用紫砂壺沖泡或者用煮茶的方式飲用，煮茶可選擇玻璃壺、陶壺、蒸汽煮茶壺、提梁紫砂壺、銀壺等。玻璃壺更適合新手，可以觀看到壺裡茶的狀態，並且適合現煮現喝。陶壺適合煮茶經驗豐富的茶客，並且陶壺保溫性能好，可以煮好一壺慢慢品飲。蒸汽煮茶壺可以實現茶水分離，煮出的茶湯不渾濁。煮茶時，選擇炭爐比電爐更適合老白茶的脾性。

投茶量的多寡可依個人口味而定，一般4克白茶，150毫升的水為宜。

關於水溫的選擇，白毫銀針、白牡丹可用80～90℃開水沖泡，貢眉、壽眉、餅茶可用沸水沖泡或者煮茶，能更好地喚醒茶性。

關於沖泡時間和次數，第一泡20秒內出湯為宜，以後每泡增加20～30秒。白茶一般可沖泡4～6次，且無需潤茶。

黃　茶

延秋園丁

揉撚悶雙黃
銀針起舞忙
滋味厚醇和
小眾待輝煌

溫潤甘醇，黃茶

黃茶屬輕發酵茶類，加工工藝與綠茶相類似，只比綠茶多了一道「悶黃」的工序。「悶黃」是將殺青、揉撚、初烘後的茶原料趁熱用布或紙包裹，堆積黃變，使茶坯在水和熱的作用下進行非酶促氧化反應，苦澀的酯型兒茶素發生氧化和異構化，蛋白質水解成胺基酸，澱粉水解成可溶性醣，最終形成了黃茶「乾茶黃、茶湯黃、葉底黃」的「三黃」特徵，滋味濃醇鮮爽、不苦不澀、香氣清悅。

黃茶的分佈

黃茶是六大茶類中品種最少、產量最低、知名度也最小的一類茶，可以說是中國茶類中的小眾茶類，生產黃茶的地區有湖南、四川、浙江、安徽、廣東、湖北、貴州。

黃茶產量低，這並非黃茶香氣和滋味不如其他茶類，而是有歷史原因的。中華人民共和國成立初期，受當時經濟條件的影響，需求用茶葉來換取外匯，而當時主要的出口國蘇聯，當地人大多飲用紅茶。因此當時黃茶最大的產出地霍山縣全部改製紅茶，直到中蘇關係破裂，紅茶出口受阻，綠茶及黃茶才重新得以生產。但是，黃茶的製作工序已幾近失傳，特別是黃茶「悶黃」的特殊工藝很難掌握，當地又缺乏關於傳統工藝的記錄資料，所以當年恢復的霍山黃芽也不能完全保留傳統工藝。這也就是為什麼現在市場上黃茶品質參差不齊，很多黃茶甚至並沒有很明顯的「黃湯黃葉」特徵。如今很多黃茶的主產區，其主產的茶葉並非黃茶，造成了黃茶產地很多，但黃茶產量極低的尷尬局面。對於很多人來說，黃茶貌似都聽過，卻只聞其名，不得其香。

黃茶的分類與品質特徵

黃茶按鮮葉老嫩、芽大小，可分為黃芽茶、黃小茶和黃大茶三類。黃茶品質特徵除了黃葉黃湯的共同特點外，各類黃茶的造型和香味也各具特色。

黃芽茶採摘單芽或一芽一葉加工而成，主要包括湖南岳陽洞庭湖君山的君山銀針，四川雅安蒙頂山的蒙頂黃芽和安徽霍山的霍山黃芽。

黃小茶採摘一芽一葉、一芽二葉加工而成，其品種主要包括湖南岳陽的北港毛尖、湖南寧鄉的溈山毛尖、湖北遠安的遠安鹿苑和浙江溫州、平陽一帶的平陽黃湯。

黃大茶採摘一芽二三葉甚至一芽四五葉為原料製作而成，主要包括安徽霍山的霍山黃大茶和廣東韶關、肇慶、湛江等地的廣東大葉青。

黃茶的儲藏與品飲

同綠茶一樣，當年的黃茶最好當年喝完，儲藏方法可以參考綠茶。

黃茶可以選擇玻璃杯、蓋碗、瓷杯、玻璃壺、瓷壺、飄逸杯等茶具進行沖泡。君山銀針等黃芽茶尤以直筒玻璃杯沖泡最佳，可以欣賞到茶葉緩緩上升，升而復沉，沉而復升，最後沉入杯底的過程，如刀槍林立，似群筍破土。芽頭肥壯的茶都會觀賞到「浮浮沉沉」的妙趣奇觀，尤以君山銀針為甚，有「三起三落」之稱，讓人不禁想起「陌上人如玉」。對於黃小茶和黃大茶這兩類嫩度不太高的茶更推薦選用蓋碗或茶壺，確保能夠及時將茶水分離，以避免浸泡時間過長導致茶味太過濃重。

投茶量的多寡可依個人口味而定，一般4克黃茶，150毫升的水為宜。黃芽茶可用80～85℃開水沖泡，黃小茶和黃大茶可用90～95℃開水沖泡，能更好地喚醒黃茶的茶性。黃茶是輕微發酵的茶，與綠茶的特性比較接近，沖泡的時候只要比綠茶的沖泡時間稍微長兩三秒鐘即可。黃茶一般可續水沖泡3～4次，且無需潤茶。

烏龍茶

延秋園丁

閩臺竟名青
鳳凰盛單叢
茗香撲面醺
鄉商同為榮

茶香多變，烏龍茶

烏龍茶產量在六大茶類中不是最高的，但香氣絕對是最多變的。不同的茶樹品種、不同的工藝組合和火候，造就了烏龍茶「香水」般奇妙又多樣的香氣類型。蘭香馥郁的鐵觀音、岩骨花香的大紅袍、梔子花香濃郁的鳳凰單叢、熟果香和蜜香的臺灣東方美人茶都屬於烏龍茶。

烏龍茶的分佈與分類

烏龍茶為中國特有的茶類，主產於福建、廣東等地，四川、湖南也有少量生產。另外在臺灣亦有產出。烏龍茶除了內銷外，主要出口日本及東南亞各地。

烏龍茶品種繁多，按產地可劃分為閩南烏龍茶、閩北烏龍茶、廣東烏龍茶和臺灣烏龍茶，此外還可以根據產品形態和發酵程度等進行分類。

烏龍茶分類方法

- 產地
  - 閩南烏龍茶
    - 鐵觀音：清香型鐵觀音、濃郁型鐵觀音
    - 永春佛手
    - 閩南水仙
    - 安溪色種：本山、梅占、毛蟹、黃旦
  - 閩北烏龍茶
    - 武夷名叢
      - 名岩名叢：大紅袍、鐵羅漢、白雞冠、水金龜……
      - 普通名叢：金柳條、金鎖匙、千里香、不知春……
    - 武夷肉桂
    - 武夷水仙
    - 武夷奇種
  - 廣東烏龍茶
    - 鳳凰單叢、鳳凰水仙、嶺頭單叢、饒平色種
    - 石古坪烏龍、大葉奇蘭、興寧奇蘭……
  - 臺灣烏龍茶
    - 凍頂茶：凍頂烏龍、松柏長青、竹山、青山烏龍，主產於南投縣
    - 文山包種：產於臺北市文山區
    - 白毫烏龍：主產於新竹、苗栗縣
    - 高山烏龍：福壽長春茶、霧社茶、阿里山茶、梨山茶
    - 木柵欄鐵觀音：文山區的木柵
- 外形
  - 條索形烏龍茶
    - 文山包種、武夷岩茶、鳳凰單叢……
  - 顆粒形烏龍茶
    - 鐵觀音、凍頂烏龍……
  - 束形烏龍茶
    - 八角亭龍須茶……
  - 團塊形烏龍茶
    - 漳平水仙……
- 發酵程度
  - 輕度發酵烏龍茶
    - 文山包種、清香鐵觀音……
  - 中度發酵烏龍茶
    - 濃香型鐵觀音、閩北烏龍茶、廣東烏龍茶……
  - 重度發酵烏龍茶
    - 白毫烏龍……

近些年來還誕生了很多「跨界」的新品類烏龍茶，由中茶廈門公司出品的金花香櫞就是一個例子。

金花香櫞是以永春佛手（亦稱香櫞）烏龍茶為原料，用廈門茶葉進出口有限公司的「海堤焙酵工藝」結合傳統茯磚茶的金花發酵工藝加工而成，其特點是金花茂盛、菌花香濃、滋味醇厚。

金花香櫞

中糧營養健康研究院、廈門茶葉進出口有限公司、中茶科技（北京）有限公司組成的聯合研究團隊透過動物實驗和人群試驗也證明，金花香櫞對調節血脂和腸道菌群具有非常好的作用。透過進一步的營養成分研究發現，金花香櫞含有的茶多酚、黃酮及其苷類化合物、生物鹼、醣苷類化合物等成分，特別是經過冠突散囊菌發酵後增加的茶多醣，是其發揮健康作用的主要功能因子。為了更好地保護金花香櫞的獨特性，聯合研究團隊將「OGHF」定義為金花香櫞的身分標識，並申請通過了註冊商標保護。其含義為，一種將烏龍茶（O-oolong）與金花（G-golden）發酵工藝有機結合形成的創新茶葉，含有多種食品源功能因子（F-factor），將成為現代人健康（H-health）飲食生活方式的又一選擇。

烏龍茶的品質特徵

不同的烏龍茶除了共有的「綠葉紅鑲邊」的基本特徵外，外形、香氣、滋味更是異彩紛呈，從廣東的鳳凰單叢茶的名字就可以看出烏龍茶家族有多麼豐富多彩了。

鳳凰單叢是從中國國家級茶樹良種鳳凰水仙品種中分離、選育出來的品種、品系，目前有80多個品系，有以葉形命名的山茄葉、柚葉、竹葉等，有以葉色命名的白葉、烏葉，有以香氣命名的蜜蘭香、黃梔香、芝蘭香、桂花香、玉蘭香、肉桂香、杏仁香、柚花香、夜來香、薑花香十大香型，有以成茶外形命名的大骨槓、絲線茶、大蝴蜞等。此外，還有以樹型、產地、歷史故事及傳說命名的名稱。

烏龍茶的儲藏

文山包種和清香型鐵觀音等發酵程度較輕的烏龍茶適合低溫儲藏，可參考綠茶儲藏方法。其他烏龍茶密封包裝後儲藏在陰涼、乾燥、無異味的環境中即可。

烏龍茶的品飲

烏龍茶的沖泡尤其講究茶水分離，避免茶葉浸泡時間過長導致茶湯滋味苦澀，最宜用蓋碗、紫砂壺沖泡，沖泡後細嗅蓋子上妙不可言的香氣，是欣賞烏龍茶的重要環節。當然還可以選擇玻璃壺、瓷壺、瓷杯、飄逸杯等進行沖泡。

投茶量的多少可依個人口味而定，一般5～7克茶葉，150毫升的水為宜，茶水比為1：20至1：30。除了白毫烏龍等少數嫩採烏龍茶宜採用85～90℃開水沖泡以外，鐵觀音、武夷岩茶等採開面葉的烏龍茶宜用沸水沖泡。

關於沖泡時間和次數，第一泡茶悶茶時間10～20秒不等，以後每一泡要順延10～30秒。顆粒形（鐵觀音等）、束形（八角亭龍須茶）和團塊形烏龍茶（漳平水仙）每泡的沖泡時間較條形（武夷岩茶等）長。烏龍茶一般可沖泡5～7次，優質的烏龍茶沖泡12次以上仍有餘香。

烏龍茶需求潤茶，目的是喚醒茶香，潤茶的水溫同泡茶水溫。潤茶時，注水至蓋碗或紫砂壺的上沿，用杯蓋或壺蓋刮去浮沫後蓋上悶潤3秒左右，而後倒出茶湯。

紅茶

延秋園丁

神奇東方葉
酵菌釀精華
輕啜身自暖
天下共一茶

紅豔甜蜜，紅茶

紅茶和白茶是六大茶類中不用高溫殺青、鈍化茶鮮葉內源酶活性的兩個茶類。紅茶製作過程中，鮮葉萎凋後需求揉撚或揉切，讓鮮葉中的內源酶與葉片中的成分充分接觸，並且在接下來的發酵工序中，透過控制適宜的溫溼度條件，讓茶鮮葉中的內源酶充分的、盡情地發揮作用，使其葉綠素、茶多酚、蛋白質和澱粉等成分充分的氧化和水解，最終形成紅茶「紅湯紅葉、香甜味醇」的基本特徵。

紅茶的分佈

雖然綠茶是中國產量和銷量最高的茶，但海外銷量最高的卻是紅茶。世界上最早的紅茶是中國明朝時期福建武夷山茶區的茶農發明的「正山小種」，其他紅茶都是從小種紅茶演變而來的。「正山小種」紅茶於1610年流入歐洲，1662年葡萄牙凱瑟琳公主將其作為嫁妝帶入英國宮廷，並風靡英國。英國人摯愛紅茶，漸漸地把飲用紅茶演變成一種極具美學的紅茶文化，並把它推廣到了全世界。

世界範圍內的紅茶主產地有中國、斯里蘭卡、印度、印度尼西亞、肯亞。中國祁門紅茶、印度的阿薩姆紅茶和大吉嶺紅茶、斯里蘭卡紅茶合稱世界四大紅茶。中國祁門紅茶、印度大吉嶺紅茶、斯里蘭卡錫蘭高地紅茶並稱世界三大高香紅茶。

在中國，紅茶主產於福建、安徽、雲南、江西、江蘇、浙江、湖北、湖南、四川、貴州、廣東、廣西等省區。

紅茶的分類與品質特徵

紅茶按照初製加工工藝不同可分為小種紅茶、工夫紅茶、紅碎茶。小種紅茶產自福建武夷山一帶，只有產自武夷山市星村鎮桐木關一帶的小種紅茶才可以稱為「正山小種」，其他被稱為「外山小種」。傳統的小種紅茶由於其特有的「過紅鍋」和「煙燻」工序，使其具有獨特的松煙香和桂圓的味道，現代很多小種紅茶製作過程中省略了這兩道工序。工夫紅茶是在小種紅茶的基礎上演變而來的，由於製作工藝更為精細而得名，根據主產省份不同分為祁紅、滇紅、閩紅、宜興紅茶、寧紅、越紅、川紅、英紅、昭紅等。紅碎茶多以大葉種茶葉為原料，「揉切」製成的外形呈碎片或者顆粒形碎片狀的紅茶。著名的阿薩姆紅茶、大吉嶺紅茶、錫蘭紅茶都屬於紅碎茶，中國的紅碎茶也主要供出口。

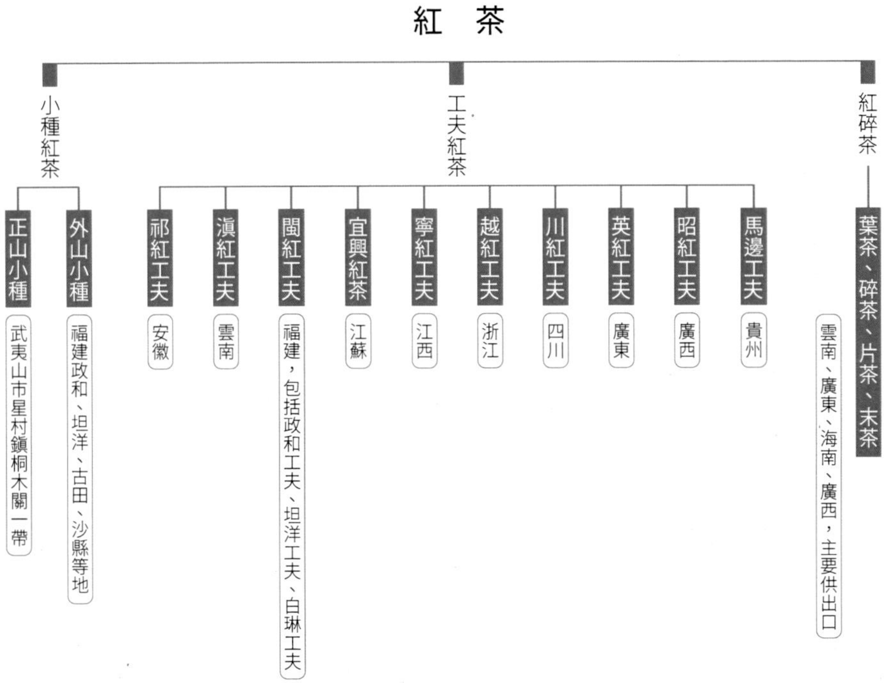

無論是小種紅茶還是各地的工夫紅茶，都帶有濃濃的地域特色，不同的產地有不同的茶樹品種，不同的加工工藝造就了不同的品質特徵。而名茶的「產地」、「山頭」概念也帶來了真假混淆、價格波動劇烈等市場亂象。事實上，任何地域的茶都有自己的優點和不足。2009年，廈門茶葉進出口有限公司透過精心拼配技術，改變高檔紅茶產地概念為品牌概念，創製出風格獨特，具有自主知識產權的品牌產品——「海堤紅」紅茶。研發人員精選印度大吉嶺、斯里蘭卡、尼泊爾，中國福建、貴州、安徽等全球潔淨的高山茶園基地，採摘單芽或一芽一葉紅茶原料，經過廈茶獨特的工藝加工而成。「海堤紅」外形條索緊細，鋒苗顯秀，顯金毫，用85℃開水沖泡，湯色黃豔帶金圈，經專業茶師調配，是一種花香與果香混合的綜合香型，滋味鮮、爽、甘、活，喉韻悠長。

紅茶的儲藏

紅茶是全發酵茶，最容易被氧化的茶多酚在紅茶製作過程中幾乎全部氧化。因此，紅茶性質相對穩定，儲藏較為簡單，只需密封保存於常溫常溼（溼度可參考白茶的70%）的室內，潔淨、避光、無異味的環境中即可。

紅茶的品飲

與烏龍茶類似，紅茶沖泡同樣講究茶水分離，避免茶葉浸泡時間過長導致茶湯滋味酸澀，因此紅茶更適合用蓋碗或精美的下午茶歐式茶具來進行沖泡。當然，對於紅碎茶則建議選擇帶有濾網的飄逸杯、滴濾壺等進行沖泡。

投茶量的多少可依個人口味而定，一般3～5克茶葉，150毫升的水為宜，茶水比1：30～1：50。紅茶宜用沸水沖泡，對於芽葉細嫩的紅茶則選用90～95℃開水沖泡。沖泡時間不需求太久，前幾泡十秒以內就可出湯，如果時間過長，則容易造成茶湯苦澀。紅茶一般可續水沖泡3～5次。紅茶沖泡時也無需潤茶。

黑　茶

延秋園丁

熟醇生久佳
妙境育金花
原本邊銷茶
今入千萬家

醇厚內斂，黑茶

黑茶是中國特有的茶類，相比於其他茶類，黑茶原料較為粗老，加之製作過程中的渥堆發酵時間較長，因而葉色呈現油黑或黑褐色，故稱黑茶。過去黑茶主要作為「邊銷茶」供邊區少數民族飲用，現在黑茶已經成為中國流行的暢銷茶。

黑茶又叫後發酵茶，其發酵主要依靠渥堆過程中環境微生物的作用。所謂的「後」發酵茶，正是相對於白茶、烏龍茶、紅茶依靠茶鮮葉中自帶的內源酶的酶促氧化發酵而言的。黑茶的加工工藝包括殺青、揉撚、渥堆、乾燥，有的黑茶後續可能還會有第二次渥堆。在殺青的過程中，茶鮮葉自帶的內源酶基本已經完全失去活性，而在渥堆的工序中，環境中的微生物以茶葉自身的物質成分為滋養，快速生長繁殖，生成一系列具有特殊風味的代謝產物。當然，這些特殊的風味不是每個人都一下子就能欣賞得來的，所以對於黑茶的喜好存在較大的個體差異。黑茶發酵後，茶葉中刺激腸胃的兒茶素、咖啡因等成分降低，因而對人體更為溫和。

黑茶的分布、分類與品質特徵

黑茶的主要產地有湖南、湖北、四川、雲南、廣西等，主要品種有湖南安化的黑磚、花磚、茯磚、千兩茶、湘尖，雲南的普洱茶（普洱熟茶和普洱生茶），湖北青磚，廣西六堡茶以及四川的方包、康磚、金尖等。此外，1958年停產後，又於2007年恢復生產的陝西涇渭茯茶，產於安徽祁門縣的安茶也是比較有名的黑茶。

不同黑茶所用原料、加工工藝以及發酵微生物種類的差異，決定了其截然不同的感官品質特徵。同其他茶類相比，黑茶湯色普遍較深、口感醇厚、回甘緩慢，並且具有獨特的「菌香」。

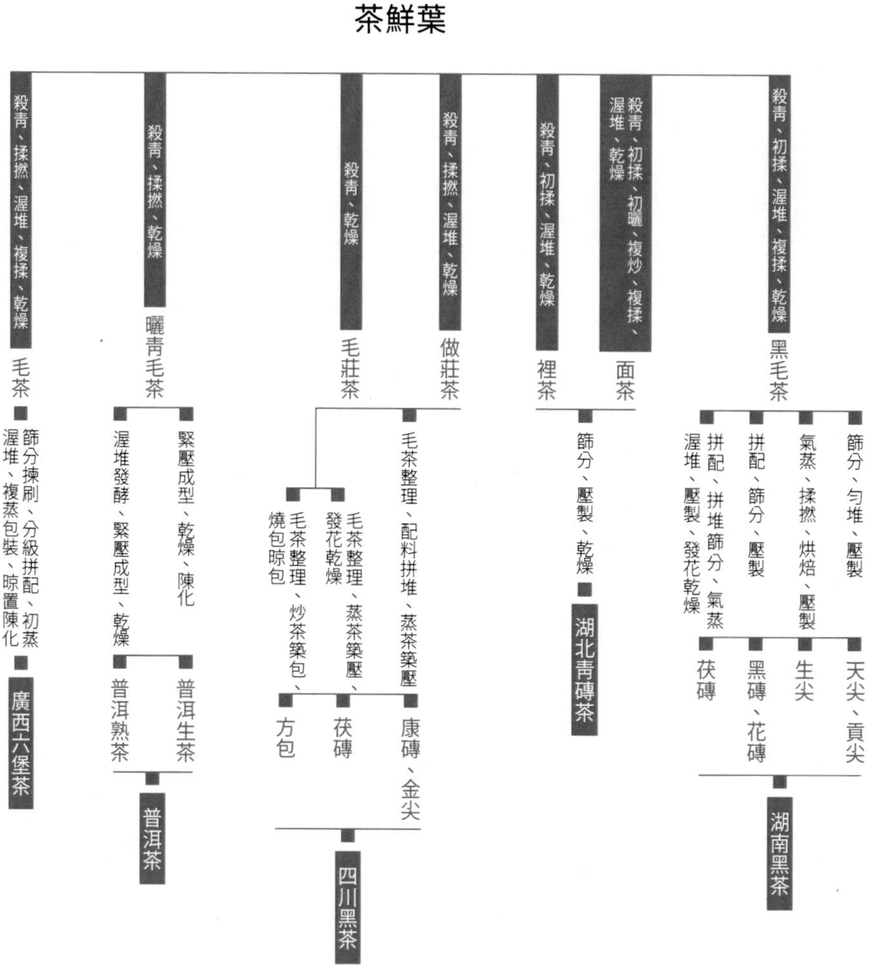

黑茶的儲藏

黑茶是保質期最長的茶類，可達幾十年甚至上百年。隨著存放年分的增加，滋味愈加醇和、香氣愈加陳純，愈久彌香正是黑茶的魅力所在。品一款珍藏的好茶，悉心感受歲月沉澱下的獨特風韻，在茶香中感受時光的力量。

但黑茶的保質期也不是無限長的，無論什麼茶都有最佳陳放時間，在這個時期以前，品質呈上升趨勢，之後就會逐漸下降。不同的黑茶由於原料、工藝、後期陳放條件等的不同，最適合的存放時間也不一樣。一般餅茶較散茶更適合收藏，後發酵程度輕的茶較後發酵程度重的茶適宜陳放的時間更長。據記載，在常規條件下，生普至少要儲藏20年，才會呈現出尚好的口感和滋味，而要臻於完美，達到陳茶的境界，至少需求50年的陳化時間。熟普要存放2～3年才能將堆味散去，形成較好的風味和品質；5～7年，可以達到頂峰品質，但最長陳放時間最好不要超過30年。

黑茶的存放要求不受陽光直射、雨淋、環境清潔衛生、乾燥、通風、無雜味異味即可。

黑茶的品飲

黑茶宜用蓋碗、紫砂壺等茶具，經沸水沖泡。存放多年的黑茶也非常適合煮飲。投茶量的多寡可依個人口味而定，一般以3～5克茶葉，150毫升的水為宜，茶水比為1︰30～1︰50。

黑茶用沸水沖泡。首次沖泡，約1分鐘左右即可出湯，葉底繼續沖泡。隨著沖泡次數的增加，根據實際情況，沖泡時間可慢慢延長，從1分鐘逐漸增加至數分鐘。黑茶一般可沖泡7～8次，好茶甚至可以沖泡十餘次。黑茶需求沸水潤茶1～2次，以使茶香更加純正。潤茶速度要快，每次以不超過3秒為宜，以免損失茶湯的滋味。

再加工茶

「冰雪為容玉作胎，柔情合傍瑣窗開。香從清夢回時覺，花向美人頭上開。」足見詩人王士祿對茉莉喜愛之情的深殷，用茉莉窨茶，茶得花香，則使花茶更有「窨得茉莉無上味，列作人間第一香」的美稱，而花茶在茶葉分類裡屬於再加工茶，在六大基本茶類之外。

百花齊放，再加工茶

再加工茶是如何定義的呢？

在陳宗懋院士主編的《中國茶葉大詞典》中，對再加工茶類的定義是以基本茶類的茶葉原料經再加工而形成的茶葉產品。因此再加工茶是以綠茶、紅茶、烏龍茶、白茶、黃茶、黑茶為原料，採用一定的工藝方法，利用茶葉的吸附性，使茶葉吸收花香，以改變茶的形態、品性以及功效而製成的一大茶類。根據《茶業通史》中對茶葉分類的理論，「茶葉分類應該以製茶方法為基礎。從這種茶類演變到那種茶類，製法逐漸革新、變化，茶葉品質也不斷變化，因而產生了許多品質不同，但卻相近的茶類。由量變到質變，到了一定時候，就成為一種新茶類。」

再加工茶的分類與品質特徵

再加工茶類包含花茶、緊壓茶、萃取茶、果味茶、藥用保健茶和含茶飲料等。

花茶主要以綠茶、紅茶或者烏龍茶作為茶坯，配以具有香氣的鮮花（一般採用茉莉、桂花等），採用窨製工藝製作而成，主產於福建福州、浙江金華、安徽歙縣、四川成都、江蘇蘇州、廣西橫縣等地。花茶根據窨製香花品種的不同分為茉莉花茶、珠蘭花茶、玫瑰花茶、桂花花茶、梔子花茶、白蘭花茶、玳玳花茶等，根據茶坯種類的不同分為烘青花茶、炒青花茶、紅茶花茶、烏龍茶花茶等。經過窨製，花茶形香兼備，茶引花香，花增茶味，品啜甘霖，別具風韻。

緊壓茶是以黑茶、紅茶或綠茶等為原料，經過渥堆、蒸、壓等工藝過程製作成不同形狀的茶葉，有磚形、餅形、碗形、方形等。緊壓茶的多數品種比較粗老，乾茶色澤黑褐，湯色澄黃，根據原料不同可分為：

綠茶緊壓茶：代表品種有雲南沱茶、方茶、竹筒茶；

紅茶緊壓茶：代表品種有湖北的米磚、小京磚等；

烏龍緊壓茶：代表品種有福建的水仙餅茶等；

黑茶緊壓茶：代表品種有湖南黑磚、茯磚、湘尖、花磚。

萃取茶是以成品茶或半成品茶為原料，用熱水萃取茶葉中的可溶性物質，再經特定工藝將茶湯濃縮、乾燥而製成。萃取茶主要有罐裝飲料茶、濃縮茶、速溶茶以及茶膏，速溶茶主要有速溶紅茶、速溶綠茶、速溶烏龍茶等，這種飲料茶的濃度一般為2%，符合大多數人的飲用習慣。

果味茶由茶及果汁、烘乾果乾、果粉等加工調配而成，保留有水果的甜蜜風味，口感酸中帶甜，中國生產的主要有檸檬紅茶、荔枝紅茶、獼猴桃茶等。

藥用保健茶是以綠茶、紅茶或烏龍茶、花草茶為主要原料，配以確有療效的單味或複方中藥調配後製成。

再加工茶的儲藏

整體而觀，因再加工茶具備含水量高、易變質的特性，保存應重點預防蟲蛀和受潮，也要避免陽光直射使再加工茶變質。

細分來看，將再加工茶的儲藏分為三類常見的存放方式。

花茶存放要點：常溫保存。因花茶具有濃郁的花香，在低溫條件下保存會抑制其香氣，因此不用刻意低溫，但要注意防潮，需存放於常溫、陰涼乾燥、無異味、密封的環境中即可。

緊壓茶存放要點：緊壓茶在存放中有陳化的過程，因此注意存放容器應乾淨整潔、無異味、保持乾燥和通風的環境。

萃取茶存放要點：密封保存，在清潔、防潮、無異味的環境下儲藏。

再加工茶的品飲

沖泡花茶，宜用青瓷等材質的蓋杯、蓋碗等茶具，水溫應視茶坯種類而定，花茶可用90℃左右的水沖泡，茶水比為1：50～1：60，一般沖泡3分鐘左右飲用，通常可沖泡2～3次。沖泡緊壓茶時，首先須將緊壓茶搗成小塊或碎粒狀，而後再在柴燒壺內烹煮才可。不但如此，在烹煮過程中，還要不斷攪動，在較長時間內，方能使茶汁充分浸出。對於速溶茶，1克速溶茶粉相當於3～4克乾茶，因此每次取0.5～1克（通常為1包）速溶茶粉，注入85℃左右熱水約200毫升，攪拌均勻，即可享用。

健康飲茶的過去與現在

坐酌泠泠水，
看煎瑟瑟塵。
無由持一碗，
寄與愛茶人。

《山泉煎茶有懷》——白居易

第二章

健康飲茶的過去與現在

歲月悠悠，不散茶香。

路途遙遙，不減茶韻。

從三皇五帝到如今，從西南一隅到世界各地，茶葉承載了無數傳奇與輝煌。它曾在先民的藥譜中做一味良藥，在文人的筆下寄託茶人本性，也曾在絲綢之路上顛簸遠行，在西方人的杯中徐徐舒展，散發其獨特的東方魅力。隨著

現代醫學對茶葉的研究日益深入，人們對這一片神奇的東方樹葉有了更為深刻地認識，對於如何飲茶更健康、如何選用、沖泡一杯適合自己的茶，也有了更多新的見解。

泡上一壺茶，沁入心脾的，是千年如一的清香。

養潤身心的，是以科學為證的營養元素。

千年歷史傳承，茶在中國

那一片葉子，最初與人類相遇時，被當作一劑解毒的藥方。幾千年前，它告別土地的氣息，經過水與火的魔法，陽光與空氣的淬煉，帶著中國人手掌的溫度，變成一杯修身養性的飲品。

在中國歷史上，茶曾經是游牧民族的生命之飲，也曾被文人、道士和僧侶喜愛，認為是連接精神世界的良藥。經由絲綢之路的傳播，茶走向歐洲，更是滿足了歐洲人對東方古國的想象。

一葉翠綠，走過漫長的旅程，在世界各地生根。

作為茶的故鄉，這一罐芬芳在典籍中又是怎樣被書寫的呢？

飲茶史：茶葉怎樣進入中國人的生活

1. 得自神農，始於巴蜀

雖然現在的茶是飲品，但在遠古時代，中國人首先是透過咀嚼茶葉應用其功效的。根據後世《茶經》、《神農食經》以及有關本草著作的描述，中國用茶的歷史可以追溯到三皇時代。「茶茗久服，令人有力、悅志」、「神農嘗百草，日遇七十二毒，得茶而解之」。這些耳熟能詳的句子裡所說的「荼」、「茗」，都是茶的意思。

眞實史料可追溯的飲茶史發源於中國西南。巴人是有歷史記載以來，最早飲用茶的先民。東晉人常璩的《華陽國志》是關於中國古代西南地區的地方志，其中詳細記載了巴國向周王朝納貢的清單中，就有「茶」。

西元前59年，王褒在《僮約》中，將「武陽買茶」和「烹茶盡具」作為僮奴雜役差事的一部分，表明漢代在成都附近已經有了茶葉集散地，煮茶的方式也已經出現。人工種茶始於漢宣帝甘露年間，在今天的四川省雅安一帶，吳理眞在蒙山頂馴化野生茶樹。蒙山茶後來演變為「蒙頂甘露」，在中國名茶中歷史最為悠久。

2. 秦取蜀，自西而東傳入長江中游

「(秦）取蜀而後，始有茗飲之事」。秦漢統一中國，促進了巴蜀地區的開放，是茶葉從西南向北、向東傳播的基礎。湖南早在西元前168年就設置了茶陵縣，表明此時茶葉已經傳入長江中游。西元4世紀的文獻中記載，「浮陵茶最好」，表明春秋時期，江西一帶已經開始製茶。

三國可能是餅茶開始出現的時期。這一時期的《廣雅》記載，「荊巴間採茶作餅，成以米膏出之。若飲先炙令色赤，搗末置瓷器中，以湯澆覆之，用蔥、薑芼之，其飲醒酒，令人不眠。」表明此時在四川東部、湖南、湖北西部，人們將茶葉採摘製餅，飲用前搗碎成粉末，並且加入一定的調味料。到了西晉，荊漢地區的茶業發展迅速。《荊州土地記》記載，「武陵七縣通出茶，最好」。之所以要製備成餅，與便於運輸有關。

3. 隨西晉南渡盛於江南

江南地區飲茶的記錄，首見於《三國志》。據說，吳國末代君主孫皓對於重臣韋曜格外照顧，常密賜茶荈以代酒。隨著西晉南渡，茶在長江下游地區及東南沿海進一步傳播。東晉時期，建康一帶已經出現了以茶待客的風俗。與此同時，茶業的重心逐漸東移。南北朝的《桐君錄》已經將宜興茶列為「好茗」。

南朝以後，中國茶葉貿易蓬勃發展，長江中下游地區的茶業隨之興旺發達，產量和製茶技術都有了大幅度的提升。唐代江南製茶之盛，甚至導致安徽祁門周圍幾乎到了千里之內、山無遺土的程度。

4. 在中原地區形成茶道

由於漢族人口的遷移，中國北方接受茶葉相對較晚。北魏山東的賈思勰在《齊民要術》中，把「茶」列為「非中國物產者」，這裡的中國，指的是中國北方，也表明對於中原地區而言，茶是一種外來物。但是到了唐代，這種情況已經有了翻天覆地的變化。中唐時期陸羽撰寫《茶經》，是茶文化發展的代表性事件。此時，茶被稱為「比屋之飲」。唐代也是中國茶道形成的時代，有宮廷茶道、寺院茶禮、文人茶道的區分。唐代流傳下來的茶葉相關文學著作，也大大超過之前任何朝代。

5. 自東向南發展

五代和宋朝初年開始，中國氣候轉寒，南部茶業隨之興起，並逐步取代長江中下游茶區。福建成為團茶、餅茶的主要技術中心，並帶動了嶺南茶區的發展。龍鳳團茶是當時最為稀有而昂貴的茶葉，有時為了提升香氣、提高價值，還會加入龍腦香等香料。宋代著名女詞人李清照在《鷓鴣天》中寫道:「寒日蕭蕭上鎖窗，梧桐應恨夜來霜。酒闌更喜團茶苦，夢斷偏宜瑞腦香。」就是當時飲茶習俗的真實寫照。

6. 絲綢之路與茶馬古道

茶被游牧民族廣泛接受，一定是在5—6世紀以後。因為北魏孝文帝的時代，拓跋氏的貴族還在譏諷漢族人的飲食，其中也包括茶。北魏楊衒之的《洛陽伽藍記》中記錄了這一文化碰撞。魏孝文帝問投奔至北魏的南朝官員王素，「茗飲何如酪漿？」王素對答，「茗不中，與酪作奴」。但是到了唐朝，這一情況已經有了很大的改變。這與熱愛茶飲的佛教在西部諸國的普及也有著很大的關聯。《唐國史補》裡，出使吐蕃的常魯公和吐蕃贊普有一段對話。常魯公在吐蕃帳中烹茶，贊普問，「此為何物？」魯公答，「滌煩療渴，所謂茶也！」贊普說，「我此亦有……此壽州者，此舒州者，此顧渚者，此蘄門者，此昌明者，此浥湖者。」贊普所藏名茶豐富，表明唐代茶葉交易的品種很多，所波及的區域已經很廣。當時，有一本叫作《甘露海》的藏文書，還列舉了十六種來自中原的茶葉。到了唐代中後期，中原和西北少數民族地區已經嗜茶成俗。唐代《膳夫經手錄》記載，「今關西、山東，閭閻村落皆吃之，累日不食猶得，不得一日無茶。」晚唐《蠻書》記載，「蒙舍蠻以椒、薑、桂和烹而飲之」，表明一些少數民族喝茶，喜歡加入不同的調味料。

絲綢之路和茶馬古道是與中國西北、西南等地區民族飲茶有關的兩條大動脈。絲綢之路通往西域各國，一開始是漢武帝為了抗擊匈奴而開啟的。其實，唐代以後這條路上交易的茶葉已遠超絲綢。所到之處，當地少數民族形成了一種「恃茶」現象，也就是對茶葉的依賴，其中包括蒙古族、回族、維吾爾族、哈薩克族、柯爾克孜族、烏孜別克族等。奶茶是這些民族最主要的飲品。《新唐書·陸羽傳》和唐代的《封氏聞見記》記錄了回鶻（回紇）以馬易茶的貿易；宋明時期的文獻也記載了西部地區「茶馬互市」的相關史料。

茶馬古道的主幹道分為滇藏道、川藏道和川陝甘青藏道。由於茶馬古道沿路村寨的少數民族村民也有「恃茶」需求，中央政府藉茶來協調與少數民族的關係。

7. 百花齊放在明清

為了減輕百姓負擔，明政府要求用散茶代替餅茶進貢，從而開啟了從簡清飲之風，對中國製茶工藝和飲茶方式產生了極大的影響。此時也產生了黑茶、青茶、紅茶、花茶的製茶工藝，大大豐富了中國的茶葉品類。這些茶葉隨著貿易的發展向各地、各國傳播；逐步形成了區域性的飲茶風俗。北方人喝花茶、江浙人喝綠茶、西北地區喝黑茶、廣東人喝烏龍茶和普洱茶、不同地域的福建人則對茶有不同的喜好。粗茶淡飯，成為對中國人傳統飲食生活方式的簡要描述。

中國文化中的茶的角色

1.「藥」

由於中國人對茶的認知從神農嘗百草開始，所以茶葉從被發現的那天開始，就是一種具有健康意義的草藥。可以說，人們對茶葉「藥用」物質屬性的認識，遠遠早於其文化性和稀缺性。為此，歷代本草對茶的功效記載多有記載，透過將茶與其他植物複配形成的「茶療」理念，也一直延續至今。事實上，如前文所述，一些少數民族地區之所以離不開喝茶，就是因為茶葉提供了無法從當地飲食中獲取的營養物質，並發揮了解膩助消化的作用。對於這些人群而言，茶既是食物，也是藥物。

隨著現代醫學、藥學、營養學等學科的發展，茶葉的健康功效更得到了進一步的闡述。儘管茶葉的身分不再是草藥，但其健康屬性一直深入人心。尤其現代社會的物質豐富帶來飲食結構的變化，人們攝取了過多的肉食和油脂，導致肥胖、醣脂代謝疾病的發生；在這樣的情況下，更應該倡導「粗茶淡飯」的生活方式，將飲茶作為健康飲食生活方式的有機組成。

2. 珍貴的奢侈品

早在周伐商時期，茶就已經是貢品。晉代以前，茶葉產量較低，所以一直是較為珍貴的奢侈品。後來儘管茶葉產量提升，但是精選優質的茶葉仍然被當作貢品，以示君主對地方的統治。以唐代為例，有雅州蒙頂茶、常州陽羨茶、湖州紫筍茶等來自20多州的茶葉進貢，其中蒙頂茶位列第一。唐中葉之前，蒙山茶物以稀為貴，有一匹絹絲買不到一斤茶的說法。

宋代最主要的貢茶是福建建安一帶的龍鳳團茶，在當時極其珍貴。《大觀茶論》記錄，宋徽宗讚美龍鳳團茶「採摘之精，製作之工，品第之勝，烹點之妙，莫不盛造其極」。歐陽修為蔡襄的《茶錄》作序時，就感慨獲得龍鳳團茶的不易。即便是有輔佐大功的親信，也不容易得到這種饋贈，「惟南郊大禮致齋之夕，中書樞密院各四人共賜一餅。宮人剪金為龍鳳花草貼其上，兩府八座分割以歸，不敢碾試，相家藏以為寶，時有佳客，出而傳玩爾」。

明太祖朱元璋憐憫茶農，要求將炙烤煮飲餅茶法改為直接沖泡散條茶法，「唯採芽以進」。清朝的貢茶種類較多，既有碧螺春和龍井等長江流域的綠茶，也有雲南的普洱茶。康熙年間，各地貢茶分別來自江蘇、安徽、浙江、江西、湖北、湖南、福建、雲南等省的70多個府縣，達13 900多斤。到了清代中葉，貢茶製度逐漸消亡。

3. 文化載體

茶與中國儒釋道文化有著密不可分的聯繫，歷代道士與僧人常種植和採製茶葉。因此，既有「琴棋書畫詩酒茶」的茶，也有「返璞歸眞」和「禪茶一味」的茶。

魏晉時期，飲茶禮儀隨著烹煮飲茶方式的形成而出現。杜毓在《荈賦》中對茶事進行了描述，賦予茶淸香雅緻的特質。文人飲茶帶動了茶主題詩詞歌賦的發展。從此，茶不再是單純的物質飲食，而是具有了精神的象徵。喝茶被稱為古人八大雅事之一，流傳至今的茶詩有數千首。文人們對茶的熱愛，在陸游的「矮紙斜行閒作草，晴窗細乳戲分茶」、納蘭性德的「賭書消得潑茶香」、朱彝尊的「一箱書卷，一盤茶磨，移住早梅花下」中體現得淋漓盡致。明朝唐伯虎的《烹茶畫卷》、文徵明的《陸羽烹茶圖》、《惠山茶會記》等，則反映了當時文人們對飲茶環境和品茗人的重視，既追求自然本性，也講究茶人友愛。

由於茶樹常種植在雲霧環繞之處，與道家追求的「洞天福地」不謀而合，因此修道之人採茶種茶，也就自然而然。道家認為，茶可以幫助煉丹修仙。《神異記》記載，丹丘子曾經引薦茶樹給進山採茶的餘姚人虞洪，希望其製茶之後可以饋贈。東晉葛洪也在《抱朴子》記述:「(天臺山) 有仙翁茶圃，舊傳葛玄植茗於此。」茶聖陸羽則在《茶經》中，詳細記載了烹茶器「風爐」上的卦象。晚唐溫庭筠寫道:「乳竇濺濺通石脈，綠塵愁草春江色。澗花入井水味香，山月當人松影直。仙翁白扇霜鳥翎，拂壇夜讀黃庭經。疏香皓齒有餘味，更覺鶴心通杳冥。」一首《西陵道士茶歌》將修道之人返璞歸眞的飲茶樂趣展示得淋漓盡致。

而對於佛家而言，「吃茶是和尚家風」。漢代佛教傳入中國，僧侶們為了在坐禪時提神而飲茶，從而使茶與佛教結下不解之緣。禪宗認為，茶性平和，與參禪悟道應有的心態互通，所以茶禪一味。而「吃茶去」的禪語，更是成為禪林機鋒，其哲學思想流傳至今。由於寺廟崇尚飲茶、種茶，還有了「自古名寺出名茶」的說法。唐代國一大師法欽手植的徑山茶、明朝大方所製的松蘿茶，如今仍然是知名的好茶。

4. 日常飲料

作為日常飲料的茶，指的是「柴米油鹽醬醋茶」的茶。吳國孫皓密賜給韋曜的茶荈，是以茶代酒的開始。唐代陸羽和皎然號召以茶代酒，更是對後世影響深遠。東晉時期，茶已成為日常飲料，在宴會、待客、祭祀中使用。隨著明清時期茶葉種植區域的擴大和製茶工藝的發展，中國逐步形成了區域性的飲茶習俗，茶飲成了普通百姓生活中的必要元素。清朝時期中國出現了許多茶館、茶肆，從皇城到鄉野都有分佈。這些茶館有的兼為餐館，有的兼為戲館，有的兼為賭場，也有的成為民間仲裁的場所，可見飲茶風俗之普遍。

中國對茶葉功效的認識演變

1. 茶葉功效的典籍記載

中國人對茶葉功效的認識是逐漸演變的。古代文獻記載，「神農嘗百草，日遇七十二毒，得茶而解之」;《神農食經》記載，「茶茗久服，令人有力、悅志」; 東漢華佗《食論》中說，「苦茶久食，益意思」，表明茶葉解「毒」和提神是最先被了解的功效。東晉南渡前，「聞雞起舞」的北伐志士劉琨則將茶視作解「體中潰悶」的良藥，表明飲茶可能不僅提神，還對改善情緒有一定的幫助。到了明朝，中國人對茶葉的功效已經有了多元的了解。《本草綱目》總結了歷代對茶葉功效的記載，認為茶「氣味苦、甘，微寒，無毒」、「久食，令人瘦，去人脂，使人不睡」、「主治瘻瘡，利小便，去痰熱，止渴，令人少睡，有力悅志。下氣消食。」表明到了明代，中國人對茶葉（主要是綠茶）功效的認識已經與現代相似。

邊疆地區以肉食和乳製品為主，其飲茶訴求和對飲茶健康的認識，與植物性飲食為主的區域有著一定的差異。《明史·食貨志》記載，「番人嗜乳酪，不得則困以病」。邊疆民族喜愛茶葉，離不開其助消化、解油膩的作用；也與茶葉含有多種微量營養素，可以彌補當地人們飲食的缺陷有關。但是，並非只有黑茶才助消化，清代著名醫家張璐《本經逢源》認為：「徽州松蘿，專於化食。」《中藥大辭典》（1930年趙公尚編著）：「松蘿茶產於徽州，功用，消積滯油膩，消火、下氣、降痰。」表明，在當時的製茶工藝和飲茶方式下，綠茶也有一定的助消化作用。

2. 對茶葉功效差異的認識

中國人很早就認為，不同品種的茶葉存在性味、功效的區別。例如李時珍認為，儘管茶葉苦寒，但是蒙山茶卻「溫而主祛疾」。隨著製茶工藝的多元化，關於茶葉性味的記載有了更多的變化。清人趙學敏在《本草綱目拾遺》中說：「普洱茶性溫味香」；又說「普洱茶、茶膏能治百病，如肚脹、受寒，用薑湯發散，出汗即愈」；湖南黑茶「性溫味苦微甘，下膈氣消滯去寒辟」。卓劍舟在《太姥山全志》中描述白茶「性寒涼，功同犀角，為痲疹聖藥」。

南宋林洪在《山家清供》中記載當時的茶葉「煎服則去滯而化食，以湯點之，則反滯隔而損脾胃」。這裡的茶葉是餅狀的綠茶，在不同濃度下對消化功能產生截然相反的兩種作用。《本草拾遺》中還提到，茶葉「飲之宜熱，冷則聚痰」，說明古人對於飲茶方式不同導致的體感差異也已經有了一定的認識。

3. 茶葉與其他食藥材的複配形成茶療法

茶療是中醫文化和茶文化的結合。除了茶葉本身的健康作用之外，茶與其他植物複配，被認為能帶來更多的益處。宋代《太平聖惠方》中的「藥茶諸方」記錄了一些含茶的保健配方。《本草綱目》記載:「作飲，加茱萸、蔥、良薑，(蘇恭) 破熱氣，除瘴氣，利大小腸。(藏器) 清頭目，治中風昏憒，多睡不醒。……同芎藭、蔥白煎飲，止頭痛。」

4. 安全性的顧慮與認知的局限

儘管茶有各項健康益處，但「是藥三分毒」，茶葉也不例外。尤其明朝以前，中國茶葉以綠茶為主，中醫認為其寒性較重，從而會導致一系列不良反應。

《本草綱目》認為茶葉「無毒」，但是也提醒，「若虛寒及血弱之人，飲之既久，則脾胃惡寒，元氣暗損，土不製水，精血潛虛；成痰飲，成痞脹，成痿痺，成黃瘦，成嘔逆，成洞瀉，成腹痛，成疝瘕。種種內傷，此茶之害也。民生日用，蹈其弊者，往往皆是，而婦嫗受害更多，習俗移人，自不覺耳。況眞茶既少，雜茶更多，其為患也，又可勝言哉？人有嗜茶成癖者，時時咀啜不止，久而傷營傷精，血不華色，黃瘁痿弱，抱病不悔，尤可嘆惋。」宋學士蘇軾《茶說》云:「除煩去膩，世故不可無茶，然暗中損人不少。空心飲茶入鹽，直入腎經，且冷脾胃，乃引賊入室也。」

這些記載與現代對綠茶的認識是吻合的。由於綠茶咖啡因和兒茶素的含量較高，在帶來神經系統或代謝系統的健康益處的同時，也可能刺激胃腸道，導致腹痛；也可能出現便祕、大腸激躁症等情況。空腹飲茶，不僅容易刺激胃腸道，還可能導致低血醣。此外，由於茶中的鞣酸會結合膳食中的鐵，對於本身就患有缺鐵性貧血的人，大量飲茶會加重貧血的情況。考慮到中國古人以植物性飲食為主，肉食缺乏導致血紅素鐵的攝取不如現代人充足，更容易出現「血不華色」的情形。

但是，典籍中記載的茶葉不良反應不能代表近現代所有的茶。例如，《本草綱目拾遺》中記錄了溫性的普洱茶、黑茶，其均為微生物發酵等製茶工藝的應用使得茶葉成分發生轉化，兒茶素聚合為茶色素，咖啡因在體內的代謝也發生了變化，使得茶性從寒變溫。從口感而言，苦澀味降低；從體感來說，胃腸道所感受到的刺激大大減少。紅茶也有類似的變化，只不過紅茶的轉化主要來自內源性的酶促反應，而不是環境微生物的作用。因此，對於體寒無法耐受綠茶的人，建議飲用紅茶和黑茶。另外，當代人的膳食中肉食的比例較之古代大幅度增加，完全有機會攝取大量易於吸收的血紅素鐵。因此，對於非貧血人群而言，不用太擔心喝茶的影響。

走遍千山萬水，茶的世界傳播

中國茶的國際貿易路線

英國著名的科學史專家李約瑟在《中國科學技術史》中讚嘆:「茶是繼中國四大發明之後的第五大發明。」中國茶傳往海外已經有兩千多年的歷史。關於其最早外傳的時間說法不一，主流觀點有三種: 漢代絲綢之路開闢時即開始，並傳至西亞乃至歐洲; 5世紀末由土耳其人西傳; 秦漢或者唐代經韓國和日本東傳。

中國茶葉的貿易之路，最知名的一共有四條：第一條是張騫出使西域開闢的「絲綢之路」；第二條是「茶馬古道」，以長安為起點，穿越滇藏川三角；第三條是「萬里茶道」，其起點是中國福建武夷山或者湖南安化，終點站是俄羅斯聖彼得堡；第四條是「海上絲綢之路」，指古代中國與東亞、南亞、東南亞、西亞以及東非和歐洲國家之間的海上交往貿易航線。其中，「海上絲綢之路」由於始於秦漢，也是已知最早的海上航線。此外，還有內地與西藏之間的「唐蕃古道」，初唐時期文成公主入藏，經由此路帶去了大唐的茶葉與飲茶風俗。在這些路線中，可以稱之為國際貿易的，主要包括「絲綢之路」、「萬里茶道」和「海上絲綢之路」。茶葉所到之處，不僅傳播了中國的飲茶風尚，也將茶葉逐漸演變為當地居民的生活必需品。在與當地文化習俗融合之後，形成了多元的世界茶文化。有意思的是，世界各地對茶的稱呼也與這些貿易通路有關。絲綢之路沿線稱之為「chaj」，茶馬古道稱之為「cha」，而海上絲綢之路則是「tea」的發音，與閩南話中的「茶」發音相似。

1. 絲綢之路

絲綢之路通往西域各國，隨漢代張騫出使西域而開闢。絲綢之路上貿易的物品包括絲綢、茶葉和瓷器等，因為絲綢華貴從而得名。其實，唐代以後這條路上交易的茶葉已遠超過絲綢。據《維吾爾族風俗志》記載，南北朝時期，突厥（古土耳其）商人在中國西北邊境以物易茶，大量的茶葉被運到天山南北、中亞諸地。

2. 萬里茶道

萬里茶道貫穿歐亞大陸，從中國腹地延伸至俄羅斯聖彼得堡，滿足俄羅斯對磚茶的需求。萬里茶道有兩條，在湖北漢口交會。一條從福建武夷山起，走水路沿西北方向穿江西至湖北漢口；另一條從湖南安化起，沿資江過洞庭湖，經湖北羊樓洞至湖北漢口。從漢口一路北上，縱貫河南、山西、河北，穿越蒙古沙漠戈壁，經烏蘭巴托到達中俄邊境口岸恰克圖；再在俄羅斯境內延伸，最後抵達終點站。萬里茶道貿易鼎盛的時期，「一塊磚茶可以換一頭羊」。羊樓洞、漢口等地磚茶廠的出現，與萬里茶道的貿易需求密不可分。

3. 海上絲綢之路

海上絲綢之路是古代中國與外國交通貿易和文化往來的重要海上通道，主要包括東海航線和南海航線。東海航線主要是通往朝鮮和日本，南海航線從中國廣西出發，經過南中國海到達越南、柬埔寨、印度、緬甸、馬來西亞、斯里蘭卡等南亞和東南亞國家。後來南亞各國引種中國茶葉，形成了通往西方的新茶路，改變了世界茶葉貿易的格局。

各國對茶葉功效的認識

1. 歐洲：靈丹妙藥

早在茶葉傳入歐洲之前，當地人已經透過旅行家的著述了解了這種神奇的東方樹葉。1545年，威尼斯人拉莫修撰寫的地理著作《航海記》中已經有關於茶的記載。一名波斯商人告訴拉莫修，「大秦國人喝一種名叫茶的飲料，其治療效果很好。如果把這種飲料介紹到波斯和歐洲，那麼當地的商人將不再售賣大黃，而改售茶葉」。1610年，葡萄牙旅行家佩德羅·特謝拉在環球旅行後出版了《波斯王》一書，介紹茶葉在土耳其、阿拉伯半島、波斯和敘利亞等地的盛行，誇讚「茶的益處很多，可以預防中國的饕餮們暴飲暴食所引起的種種不適」。

" On
Venus he
Tea both
The best
To that b
To the fa
Whose ri
The Mus
Repress t
And keep
Fit on he

1641年，荷蘭著名醫學家尼古拉斯·德克斯積極地支持了茶葉的健康作用，聲稱「從遠古時代起，人們就開始利用茶治療疾病。茶葉不僅能提神醒腦、增加能量，還能治療泌尿管阻塞、膽結石、頭痛感冒、眼疾、黏膜炎症、氣喘、腸胃不適等各種疾病」。1657年，一家供應茶水的咖啡館在英國的知名商業街上開張。茶被視為靈丹妙藥——喝下足夠的茶，可以誘導輕微嘔吐，上下通氣，達到治療瘧疾、過食、高燒的目的。

1663年，英國詩人埃德蒙·沃勒用茶來比擬凱瑟琳皇后的美麗，讚美其是詩人靈感的來源，有助於保持頭腦清明、心情愉悅、祛除疲倦。由於喝茶帶來溫暖和慰藉，茶葉甚至成了第二次世界大戰中英軍的祕密武器。邱吉爾認為，茶比彈藥重要，並要求海軍艦隊不得限制向士兵供茶。

oebus has her bays;
n she vouchsafes to praise.
nd best of herbs, we owe
which the way did show
ere the sun doth rise,
ns we so justly prize.
n does our fancy aid,
which the head invade,
of the soul serene,
salute the Queen.

2. 俄羅斯：解酒治病

早在西元6世紀，茶葉就已經傳到中亞細亞。此後又花了千餘年時間，俄羅斯才真正接受中國茶。17世紀初的俄國人認為，「在喝酒前飲茶是防止醉酒，在酒醉後喝茶則是為了醒酒」，但這一說法沒有得到宮廷的認可。17世紀，蒙古國貴族煮茶招待了來訪的俄國沙皇使者，並贈予沙皇200包茶葉。這一時期的沙皇御醫認為，茶葉可治療頭痛和傷風；因此，沙皇視茶葉為治病的藥物，並在宮廷推廣。之後清朝皇帝也贈送茶葉給俄國使者。

1727年，中俄互市貿易簽訂，俄羅斯開始正式進口中國茶。由於茶葉運到俄羅斯路途遙遠、運輸困難、數量有限，因而被認為是「城市奢侈飲品」，飲茶者多是上層社會的貴族。直到18世紀末19世紀初，俄國各社會階層才逐漸開始飲茶。從此，茶葉在俄國從特權階段走向民間，並推廣開來。

3. 日本：禮佛養心

茶葉東渡到日本，以浙江為通道，以佛教為途徑，由唐代之後的日本遣唐使和學問僧實現。早在西元815年前後，日本天皇已將茶葉定為貢品；但是直到13世紀，日本的榮西禪師教導日本國民以茶養生，飲茶之風才開始盛行。榮西禪師在《吃茶養生記》中分析，五臟應與五味結合，心喜苦，「在中國，人皆好茶，是故心臟病痛少有，而人皆得長壽」；而日本的食物多酸辛甘鹹，獨缺苦味。因此，「凡人有精神不濟者，當思飲茶。茶飲令心律齊而百病除」。

4. 摩洛哥：幫助消化

19世紀末，摩洛哥的茶葉進口量迅速成長。摩洛哥人每天五次禱告之餘都要喝茶。摩洛哥人將茶分為若干類：濃茶味苦色黑，助消化功能極強；淡茶味甜呈現黃綠色，作為甜品飲用；還有一種特濃綠茶，則會加上類似咖啡的奶油慕斯。撒哈拉地區游牧民族尤其喜愛濃茶。

安全性的顧慮：妖魔化與平反

儘管茶葉的國際貿易帶動了世界茶文化的發展，卻並未帶去中國傳統醫學對茶葉的認識。在茶葉進入歐洲的早期，茶葉作為東方飲料的神祕感以及公眾飲茶常識的欠缺，使得歐洲人對茶葉的態度呈現兩個極端。17世紀的歐洲，茶葉除了在咖啡館出售，也常見於藥店。由於對茶葉功效與安全性的認識不同，醫生和學者們分成了兩個陣營，一方認為茶葉包治百病，另一方則對茶葉的安全性憂心忡忡。歐洲衛理公會的創始人約翰·衛斯理在27年嗜茶如命的生活後，立志戒茶，並在給友人的書信中描述，戒茶後其手顫的毛病得到了大大改善。然而，12年後，在醫生的建議下，衛斯理又恢復了喝茶的習慣。1756年，英國旅行家喬納斯·漢威撰寫了《論茶》，控訴茶葉令女性消化不良、情緒低落、睏乏無力、鬱鬱寡歡；甚至茶毒生靈，阻礙經濟發展。這一觀點被當時的英國語言學家山繆·詹森所批判，認為英國人體質的變化與城市化、運動量減少、飲食過量、生活缺乏目標有關。

在茶還沒有大批量輸往中亞之前，土耳其的歷史學家塞夫·塞勒比也認為，「中國人好茶飲，一旦沒有茶，就會脾氣暴躁，難以相處，和癮君子不相上下」。18世紀摩洛哥的醫生則記載了與蘇丹的一段談話，認為茶葉儘管是珍貴的奢侈品，但可能會損傷神經系統，導致手抖。與此同時，醫生又認為，每日飲茶兩次的英國人並沒有被茶所傷害。究其原因可能是，相較於摩洛哥人，英國人飲茶普遍稍淡，並且英國人喜歡在茶裡加奶，有助於緩解茶中咖啡因等的作用。

隨著茶飲的普及，這些擔憂銷聲匿跡。隨之湧現的是越來越多的關於茶葉功效的研究報導。我們甚至可以看到，關於綠茶健康功效的現代傳播，已經讓這種茶葉的國際貿易份額得以提升，取代了一部分英式下午茶文化帶來的紅茶市場。出於對茶葉健康作用的喜愛，致力於天然產物提取的西方人對茶葉的活性成分進行研究提純，並將其作為功能成分製備成膳食補充劑。近年來，歐洲對兒茶素提取物的安全性產生懷疑，認為過量攝取這種提純的成分可能導致肝轉胺酶的升高。即便如此，在經過大量文獻考據後，歐洲食品安全局認為，即使在飲用量較大的情況下，日常飲茶（而非攝取茶提取物）仍然是安全的。

對茶葉的渴望：文化與戰爭

英國的茶文化始於宮廷女性的熱愛，嫁給英王查爾斯二世的葡萄牙凱瑟琳公主，以及此後的瑪麗二世、安妮女王都熱衷於茶文化。飲茶在英國形成宮廷風尚的時期，也正是英國逐漸稱霸全球，走向「日不落帝國」的時期。也許恰是國力的強大促使了茶文化的傳播及發展。18世紀中期，英式下午茶文化正式形成，稱為「維多利亞下午茶」。下午茶文化不僅培養了英國淑女文化和紳士風度，還改變了英國熱食冷飲的傳統飲食結構。

英國的上層社會最推崇中國的綠茶和武夷（紅）茶，祁紅是皇室心目中頂級茶葉。即便後來英國人接受了來自殖民地印度和斯里蘭卡的紅茶，英國商人仍然會用祁紅拼配這些產地的高等紅茶，以抬高其身價。這也是立頓、唐寧等品牌拼配技術的源起。

作為日常飲品，英國人往往喜歡在茶中加入牛奶和醣，從而形成了英式風格的茶飲，有同於原先的中國茶。隨著飲茶量的劇增，歐洲人利用海上貿易進口中國和日本的茶葉，東印度公司隨之崛起。荷蘭東印度公司與英國東印度公司相繼壟斷中國茶葉貿易達兩百多年。崇禎年間，其從廣州採購的茶葉為112磅；到了康熙年間，這個數字已超過100萬磅。東印度公司解散後，英國的華茶貿易地位仍不可動搖，道光年間，其進口量達到5 650萬磅，占中國總出口量的90%。英國人為了飲茶向中國輸送了大量的白銀。為了實現財富的回流，英國商人向中國輸入鴉片，導致兩國衝突不斷，最終引起鴉片戰爭。所以也有人把鴉片戰爭叫做「茶葉戰爭」。

科技助力發展，當代茶葉健康研究

茶葉進入人們的生活，首先是以「藥」的形式。歷代本草記載，茶葉有消食、少睡、去膩、利水道、益思等功效。儘管古代的茶葉不如現代品類豐富，但典籍中描述的提神、利尿、代謝健康等作用，自古到今，幾乎所有茶葉都是具備的。現代對茶葉的活性研究較多，其神經興奮、抗菌抗病毒、抗氧化、抗癌抗突變、免疫力調節等活性都或多或少有藥理學研究報導。

儘管茶葉有著諸多的健康益處，卻不屬於現代用於治病的「藥」。喝茶是健康飲食生活方式中特別值得推薦的一種，其最大的意義在於振奮精神、降低一些疾病的風險，而不是治療。因此，過度宣傳茶葉的「藥用」價值可能有一定的誤導作用。為了喝出健康，應該理性對待茶與健康，還應該重視不同茶葉的區別。在對典籍的閱讀中，應該結合當時的製茶工藝、品茗方式、日常飲食情況等大背景，理解茶葉特定健康作用和安全性的根源及後續演變。為了去偽存真，更應該注重現代科學研究的數據，使典籍、民間經驗與現代研究相得益彰。

現代研究中的茶葉健康作用與科學證據

茶葉對於人體九大系統的作用都有報導。具有代表性的，是神經系統、循環系統、內分泌系統、運動系統、免疫系統和泌尿系統。其作用機理與抗氧化、抗炎、抗輻射、抗菌、抗病毒、神經興奮、神經保護、調節腸道菌群、促進能量代謝等生理管道相關。

不同品種茶葉的健康作用及研究等級（純茶）

生理系統	功能描述	綠茶	白茶	黃茶	烏龍茶	紅茶	黑茶
神經系統	提神	●●●●				●●●●●	
	改善學習記憶	●●●●●	●●			●●●●	●●
	改善情緒	●●●●●			●●●	●●●	
	預防神經退化性疾病	●●●●●				●●	●●
循環系統	抗凝	●					
	降血壓	●●●●●	●●		●●●●●	●●●●●	
	調節血脂	●●●●●	●●	●	●●●●	●●●●●	●●●●
	改善動脈粥樣硬化	●●●●				●●	●●
內分泌系統	調節血醣	●●●●●	●●	●●	●●●●	●●●●	●●
	改善胰島素抵抗	●●●●●	●●		●	●●	●●
	降低尿酸	●●●				●●●●	●●
	維持健康體重	●●●●●	●●	●●	●●●●	●●●●	●●
運動系統	增加骨密度	●●●●			●●●	●●●	●●
免疫系統	調節免疫力	●●					
	抗過敏	●●					
其他	防癌與抗癌	●●●●●		●	●●●●	●●●●●	
	抗氧化	●●●●	●●	●●	●	●●●●	●
	抗炎	●●●●	●●	●●	●●●●	●●●●	●●
	抗輻射	●●				●●	
	抗菌、抗病毒	●●●●	●	●	●●●●	●●●●	●●

注：「●」表示現有研究中等級最高的研究類型。「●」體外試驗；「●●」動物試驗；「●●●」人群觀察性研究；「●●●●」人群干預性研究；「●●●●●」系統性綜述及薈萃分析。

「●」越多，表明全球迄今在這一領域投入的研究越多。

不同種類的茶葉，其功能既有共通之處，也有各自的特點。茶葉品種和飲茶方式的差異，會引起體感的不同，這是中國古人就已經具備的認識。其本質的原因，是進入人體的茶葉化學成分的種類和含量有所差異。影響茶葉功能的因素主要有以下方面:

原料: 大葉種茶或者小葉種茶、芽尖或者葉片、嫩葉或者老葉，都存在成分差異。

製茶工藝: 綠茶有蒸青、炒青、曬青等方法，製備成紅茶需求酶的作用，製備黑茶需求微生物進行後發酵，有的烏龍茶和紅茶在加工過程中還有烘焙的環節。茶葉的成分在每個環節都會發生轉化。

儲藏方式和時間: 溫度、溼度、光照、密閉性、潔淨度等因素會影響茶葉成分在存放過程中的進一步轉化，儲存得當可以保持茶葉的口感或者品質，儲藏不當也會導致茶葉陳化或變質。

沖泡方法: 泡茶過程中的泡茶器具、水質、水溫、投茶順序、浸泡時間、震盪

方式等因素都能影響茶葉成分在茶湯中的溶出，最終造成感官和功效的差異。煮茶和泡茶又有所不同。我們平時說，不同的人泡同一種茶，會有截然不同的效果，就是這個道理。

飲茶方式：喝茶的速度、飲茶量、是否加調味料、是否搭配茶食，都會影響人體對茶的反應。所以，我們在強調茶葉健康作用的同時，一定要關注飲茶的具體方式。

茶葉的共性和個性，構成了健康選茶、適時選茶的基礎。提神和抗氧化是所有茶葉都有的作用。儘管作用的強度有所不同，但是即便是抗氧化作用最弱的茶，比起維他命來也毫不遜色。對於這些共性的功能，我們建議按照個人的口感喜好、心理需求或者身體的耐受度來選茶。

從茶葉種類來看，促進代謝健康是茶葉的共性，只是有的茶利於減少熱量的吸收，有的茶利於腸道環境，有的茶利於能量消耗，因此宜徵詢營養健康專業人士的建議來選茶。促消化、通便、調節情緒、「養」胃等功能，特定茶類才比較顯著，選茶不當，可能效果適得其反。如果飲茶愛好者能夠自行掌握有關知識，可以有效地避免飲茶誤區。下面列舉一些共性的方向，有助於大家選擇適合自己的茶葉。

◎ 發酵程度越輕，抗氧化作用越強。

◎ 發酵程度越重，對腸胃的刺激性越小。

◎ 發酵較為充分的黑茶，其解膩作用比較強，促消化和通便的潛力也最大。

◎ 加醣、加鹽會有損茶葉的健康價值；而加純牛奶製備奶茶仍然是健康的，且能夠減少對腸胃的刺激。

◎ 所有茶葉都有助於改善代謝健康。

茶葉健康作用的物質基礎

茶葉的主要品質成分是茶多酚、茶多醣、茶色素、胺基酸、咖啡因、微生物代謝產物等物質，但是不同類型的茶因原料和製法不同，成分的種類和含量有所區別。其中，茶多酚是研究得最多的茶葉功能成分。茶多酚不是一種單一化合物，而是茶葉中所有多酚類化合物的總稱，包括兒茶素類（黃烷醇）及其氧化聚合產物、黃酮及黃酮苷類、花青素類、酚酸類化合物等。不同種類的茶葉，其茶多酚的結構和含量有著較大的區別。

1. 兒茶素類化合物及其氧化聚合產物

兒茶素是綠茶中最重要的茶多酚類物質，占茶葉乾重的12% ～ 24%。根據是否與沒食子酸形成酯鍵，分為酯型兒茶素和非酯型兒茶素。兒茶素是綠茶

抗氧化、改善醣脂代謝等活性的最主要貢獻者，其中最著名的當屬表沒食子兒茶素沒食子酸酯（EGCG）。酯型兒茶素可以與腸道黏膜蛋白相結合，破壞腸道屏障，因此喝綠茶感到腸胃不舒服，也正是與這種活性物質有關，可謂「損益同源」。紅茶、黑茶等茶葉在加工過程中，兒茶素發生氧化聚合反應，逐步聚合成茶黃素、茶紅素、茶褐素等色素，大大減少了對腸胃的刺激。所謂綠茶性寒，紅茶、黑茶性溫，與兒茶素的變化也有關。

通常茶湯的顏色越深，茶多酚的聚合程度越高，發酵度也越高。綠茶是未發酵茶葉，白茶、黃茶輕微發酵，烏龍茶半發酵，紅茶全發酵，指的就是兒茶素氧化聚合反應的程度；黑茶中的茶多酚主要以茶褐素形式存在，聚合度高於其他茶葉。目前，幾種主要的兒茶素、茶黃素的分子結構已經得以解析。茶紅素和茶褐素由於分子量大、結構複雜，很難用化學結構式準確描述，可以簡單理解為是不同數目的兒茶素聚合在一起之後，形成的從紅褐色至褐色的一系列大分子酚類化合物。

2. 黃酮及黃酮苷類化合物

茶葉中常見的黃酮類化合物有山柰酚、槲皮素和楊梅素等。在藥物研究中，這些化合物也是非常常見的天然產物類物質。黃酮類化合物的生理活性非常廣泛，涉及我們耳熟能詳的抗氧化、抗菌、抗炎、調節醣脂代謝、心血管保護等。但是黃酮苷元一般都難溶於水，不容易被吸收利用。研究發現，在黑茶的發酵過程中，很多黃酮苷元轉變成黃酮苷的形式，水溶性和生物利用的性質得到改善。所以在描述茶葉中黃酮類化合物的貢獻時，含量不是唯一的指標，化合物結構的多元性、生物利用情況、生理活性的強度也很重要。

3. 花青素類化合物

茶葉中的花青素大概占乾重的0.01%，但是紫芽茶（比如雲南的紫娟）中可以高達0.5%～1%。花青素可以增強茶葉的抗氧化、抑制澱粉消化等活性，但是會加重茶葉的苦澀感。還有一種花白素類物質，也被稱為「隱色花青素」，發酵後會變成有色氧化產物。

4. 酚酸及縮酚酸類化合物

茶葉中的酚酸及縮酚酸類化合物主要有沒食子酸、咖啡酸、綠原酸的衍生物。酚酸類化合物具有抗菌、抗病毒等作用。茶葉經過發酵後，酚酸類化合物的含量普遍降低。六堡茶中的酚酸類化合物種類較多，可能是六堡茶有別於其他黑茶的一個特點。

5. 生物鹼與咖啡因

茶葉中的生物鹼主要有咖啡鹼（即咖啡因）、可可鹼、茶鹼、腺嘌呤、鳥嘌呤等。其中含量最高的是咖啡因，占乾重的2%～4%。

咖啡因幾乎是所有茶葉都有的功能成分，它是喝茶提神醒腦的物質基礎，對於愉悅情緒也有重要的作用。大多數人認為咖啡的作用快速而短暫，喝茶的作用較為緩慢而持久。其實，飲用等量的茶和咖啡，攝取的咖啡因沒有本質的區別，主要與茶或者咖啡的種類和濃度有關。攝取等量的咖啡因，喝茶和喝咖啡的體感有所不同，這與茶葉中生物鹼及其他物質的種類多樣有關。咖啡因提神的機制是與大腦中的腺苷受體結合，阻擋腺苷的鎮靜作用。茶葉中的可可鹼與茶鹼的結構和咖啡因類似，但是對腺苷受體的拮抗作用較弱，所以喝茶提神較為緩和。此外，茶葉中的茶胺酸等成分會影響咖啡因的吸收和代謝，使得喝茶後咖啡因在體內的濃度峰值降低、半衰期延長，所以喝茶提神較為持久。

神奇的是，黑茶中的咖啡因含量不算很低，但許多人反映喝黑茶不容易影響睡眠。這可能是因為，黑茶中的咖啡因以聚合形式存在，因而不如游離的咖啡因單體易於吸收。是否如此，還有待驗證。

6. 胺基酸與茶胺酸

茶葉中的胺基酸種類豐富，其中最著名的是L-茶胺酸。L-茶胺酸不僅可以抑制茶湯的苦澀感，帶來甘甜的滋味，而且可以平穩咖啡因代謝、緩解焦慮。在西方國家，L-茶胺酸被提純作為「改善情緒食品」的一種配料。從工藝來說，白茶的胺基酸含量相對其他品種較高。從樹種來說，安吉白茶中的胺基酸含量高達7%，是其他茶葉的2～7倍；近年來開發的湖南黃金茶的胺基酸含量甚至高於安吉白茶，可達7.47%。

7. 茶多醣

茶葉中的碳水化合物種類多樣。茶多醣是一類不同分子量大小的複合多醣，具有調節免疫力、調節腸道菌群、改善醣脂代謝等生理活性。一般來說，原料越老，茶多醣含量越多。微生物充分發酵是導致茶多醣含量增加的最主要原因，所以黑茶（熟普、茯磚茶、六堡茶）含有較多的茶多醣。而且，微生物發酵還能將一部分大分子的長鏈多醣轉化為小分子的短鏈多醣（寡醣），從而提高調節腸道微生態的潛力。茶多醣的存在，與黑茶的通便作用緊密相關，也使得茶葉成為一種具有調節腸道微生物作用的、潛在的「益生元」。

8. 茶皂苷

茶皂苷又稱茶皂素，猛烈搖晃黑茶茶湯後出現的泡沫，就是茶皂苷。茶皂苷具有抗菌、消炎等作用，而且是一種表面活性劑，可以與油脂發生乳化作用。喝黑茶可以解膩，很可能就與茶皂苷有關。最近的研究發現，茶皂素還可以調節腸道菌群，減輕高脂飲食導致的大腦損傷。

9. 微生物及其代謝產物

微生物代謝產物主要是黑茶所具有的。嚴格意義來說，黑茶成品中的茶多醣、茶黃酮、茶多酚等物質的增加或者結構的轉變都與微生物的作用有關，也屬於微生物代謝產物。在不同種類的黑茶中，曾經發現過他汀類化合物、抗生素結構類似物等，有可能與黑茶的抗菌、降脂等作用有關。但是，傳統工藝製作的黑茶往往批次間微生物的差異較大，而且發酵程度不均勻。因此，這些藥物的前體物質往往含量較低，而且產量不穩定。

10. 芳香類化合物

茶葉中已被發現的香氣成分有數百種。它們不僅是形成茶葉風味的物質，也與茶葉抗菌、鎮靜、抗焦慮、抗憂鬱等作用相關。茶葉的香氣成分可以進入人體血液到達神經系統，發揮生理功能，還可以因為芬芳之味而舒緩心情——這是與其他功能物質不同的特徵。

選茶指南

一盞清茗酬知己，
半碗香茶品人生。
無關風月，
不問朝夕。

第三章 選茶指南

茶，既是文人騷客促膝圍坐啜茶行令的那一點風雅，也是平民百姓辛勞之後茶館小聚的那一點酣暢。文化背景、地域標籤、生活習慣、四時風物、身體狀況等種種差異造就了每位茶客獨一無二的飲茶習慣。而對於初次涉獵的新手來說，如何選擇最適合的茶，卻是一個令人困擾的問題。其實，飲茶是一個愉悅身心、蕩滌心緒的過程，最重要的就是自己的口味偏好。進一步的，合理選茶宜應和時令，並符合自身的健康狀況。新手茶人不妨多番涉獵，嘗試不同類型的茶，相信很快就會嘗到個中妙處，進階成為茶中達人。

四季選茶

四季飲茶，宜合乎時令，符合人體隨季節的變化。春日萬物復甦，乍暖還寒時，最不容錯過清明時節那一抹鮮綠。而到了冬日，爐火炙紅，茶霧清揚，手邊是琥珀色的普洱茶湯，案几上是一支芬芳的臘梅，一定要有三五好友，圍爐敘話。

春季篇

——綠茶、白茶、花茶

一年之中的第一口鮮甜當屬綠茶。當季的春茶，鮮綠微黃、茶香清爽、滋味鮮醇，葉片輕輕在杯中舒展開來，蟄伏一冬的沉悶陡然被這一抹綠意喚醒。除了綠茶，春季還特別適合飲用花茶和白茶。

綠茶和白茶含有3%～5%的咖啡因。隨著春季的到來，白晝逐漸變長，很多人會感到倦怠疲勞，茶中的咖啡因可以興奮神經中樞，提神醒腦。同時，由於綠茶中含有較多的茶胺酸，在一定程度上改變人體對咖啡因的吸收速度，抑制咖啡因引起的過度興奮，延長其在體內的存留時間。因此，春日飲茶有助於持續地維持良好情緒，改善「春乏」的症狀。

春季溫度升高，細菌和病毒開始大行其道，會出現感冒咳嗽、咽喉疼痛以及腸炎腹瀉等感染症狀。同時，春季的花粉、柳絮等又會引起過敏反應。傳統醫學認為，綠茶和白茶性涼，綠茶「能清心神，滌熱，肅肺胃」，白茶「功同犀角（清熱解毒的一味中藥）」。現代醫學也證實了綠茶和白茶具有抑制細菌、病毒等病原微生物的作用，而這些作用主要得益於綠茶和白茶中豐富的兒茶素。素有「三年為寶，七年為藥」之稱的老白茶，依然保持著較高的抗菌消炎活性，可能與其含有較高的黃酮類化合物有關。因此，新白茶和老白茶都是健康之選，新白茶味道清新，老白茶更加醇和，各有千秋。另外，春季也可在茶中添加菊花、金銀花、羅漢果等，不僅能使茶的滋味更加立體豐滿，還可發揮協同功效，相得益彰。

夏季篇

——綠茶、花茶、代用茶

炎炎烈日當頭，難免心緒煩悶。品一杯清茗，手握一卷書，幾杯茶下肚，唯覺兩腋習習清風生。傳統醫學認為夏季屬火，人體外熱內寒，既要及時飲水又要防止冷飲傷及陽氣。現代醫學則強調夏季維持體內電解質平衡、排汗利尿的重要性。

明代以前，中國的茶主要為綠茶，當時的醫學就已經發現茶性屬寒涼，具有清熱、瀉火、解暑的功效。《本草綱目》曾云，「茶苦而寒，陰中之陰，沉也，降也，最能降火」。茶中不僅有抑菌消炎的成分，還有利尿的成分，可以加速熱量排出。

綠茶還可以作為茶胚製作花茶，經過花朵窨製後發生奇妙的化學反應。花茶始於宋代，是一種再加工茶。根據窨花種類不同，又可以進一步細分為茉莉花茶、玫瑰紅茶、玳玳花茶、臘梅花茶、梔子花茶等，茉莉花茶是其中翹楚。不管是哪一種花茶，它們共同的典型的特點是具有或清新或醇厚的花香氣。綠茶製成的花茶既保留了綠茶清熱解暑的特性，其豐富的香氣物質也令人心曠神怡。躁鬱煩悶的夏日，泡一杯香味馥郁的花茶，在襲人的茶香中便可慢慢安定心神，舒緩情緒，達到靜心寧神的超然境界。

炎炎夏日，如果想進一步增強「清火」功效，亦可選擇一些代用茶，如蓮子芯茶、白花蛇舌草茶等。蓮子芯茶是取蓮子中間苦味的芽胚葉晾曬而成。在中醫五味中，「苦」乃中醫「五味」之一，能瀉能燥，合理應用可發揮清熱、燥溼、通便的作用。白花蛇舌草是茜草科耳草屬植物白花蛇舌草的全草，將其應用為夏日養生茶，也有清熱解毒、利尿除溼的功效。

秋季篇

—— 黃茶、烏龍茶、老生普、老白茶、紅茶

秋季是從夏的極熱向冬的極寒轉變的過渡季節，自然界的陽氣由疏泄趨向收斂。在中國大部分地區，受典型大陸性氣候影響，剛剛入秋時往往暑熱未去，加上降水量比夏季相對減少，「秋老虎」來勢洶洶，機體也可能會因此產生一些不良反應，如口乾舌燥、皮膚皸裂、情緒煩躁等，這就是中醫所說的「秋燥」。秋日養生的重點是滋陰潤燥，同時使神志安定。因此，飲用不溫不寒的黃茶、烏龍茶，或者陳年的老生普、老白茶是秋天的絕佳選擇。

鐵觀音、大紅袍、武夷山岩茶都是烏龍茶的代表。傳統醫學認為，烏龍茶性平，可以生津止渴。過去認為，立秋要「貼秋膘」。當代社會飲食無憂，一年四季都講究維持健康體重和體型。烏龍茶具有解膩助消化的作用，在秋季這個典型的「貼膘」期也非常實用。此外，茶葉內的芳香物質受到季節性氣候的影響很大，秋季本身也是烏龍茶香氣最高的時節。烏龍茶的主要產區春季陰雨時節多，萜烯類物質生成較少，因此春季茶的芳香不如天高氣爽的秋季茶。可見不論是從健康的角度考慮還是從茶葉本身的特點品質出發，秋季都是飲用烏龍茶的最佳時機。秋日桂花飄香，在泡茶時再放少許桂花，則可以藉馥郁花香

愉悅心情，不失為感知秋日風物的絕佳選擇。不過，秋飲烏龍茶也要注意不能空腹或涼飲，因為秋季天氣轉寒，空腹飲用或涼飲可能會刺激腸胃，導致嘔吐腹瀉等不良反應。

老生普和老白茶經歷了漫長時間的轉化，茶性從寒涼變為平和。茶葉中小分子的兒茶素逐漸聚合為大分子的茶色素，同時茶多醣的含量也有所增加。在收穫的季節不妨以茶會友，煮一壺老生普或者老白茶，體會時光的雕琢，不失為秋季的絕佳選擇。

至深秋，天氣更寒而人體自身的陽氣更弱，此時則宜飲用紅茶。紅茶性溫，含有較多的蛋白質和醣類物質。一杯暖暖的紅茶下肚，可以為機體補充能量，進而增強抗寒能力。紅茶也是調配奶茶等甜品的常用茶。秋日午後來一杯紅茶，配上適量蜂蜜、牛奶和糖，再配上一些水果點心，自己DIY一把「英式下午茶」的恬靜與典雅，也是很有樂趣的。從科學角度來看，紅茶作為全發酵茶，茶多酚在發酵過程中生成了氧化產物，性質相對溫和，這使得秋飲紅茶備受歡迎。

冬季篇

——紅茶、黑茶

冬季天氣寒冷，萬物凋敝，是一年的收束階段，在中國傳統文化中被認為是至陰的季節。但陰陽守恆，不斷轉化，寒冷蕭條的冬季也孕育著新的生機，所以有「冬藏」之說。人們休養生息，以待來年繼續銳意進取。在飲茶上，也要符合這一季的特點。中國各地冬日氣候和過冬習俗皆有不同。根據各地人民的生活習慣，適合冬天飲用的茶有很多種。以上三季中提到的茶都可在冬季飲用，重要的是根據自身情況和需求做出合理的選擇。

總體來說，冬季適合飲用溫暖的發酵茶，紅茶和黑茶是首選。紅茶芬芳暖胃、促進血液循環，對四肢冰冷和體寒也有緩解作用。冬季飲用紅茶，還可搭配生薑，在沖泡時加入薑片或薑絲，不僅能溫胃補陽，還有禦寒保暖、增強抵抗力的作用，可以預防感冒。熟普具有促消化、調節腸道功能的作用。冬季時，人體機能因氣候寒冷整體屬於較不活躍的狀態，飲用熟普洱茶更有助於促進胃腸道消化吸收。飲用時加少許陳皮，能夠健脾消食，一解油膩。此外，冬季陽氣衰微，人體腠理閉塞，出汗較少，柑普茶可以在溫煦機體的同時暢通氣機、調中理氣，更加有助於益腎閉藏。茯磚茶等黑茶如果存放得當，轉化較為徹底，也適宜在冬天飲用，作為熟普的替代。

北方的冬季常與暖氣相伴，未免燥熱。此時飲用綠茶、白茶、花茶、烏龍茶，也不失為合適的選擇。

南方的冬天一旦陰雨纏綿，溼冷的感覺將如影隨形，此時除了紅茶和熟普，還可以飲用民間認為有「祛溼」作用的六堡茶。使用燜泡壺，有助於保持茶水的溫度，促進茶葉品質成分的溶出。

24小時茶生活

一年有四季輪迴，一天之中也有晝夜更替。自然的輪迴與人體機能和精神的波動起伏相得益彰。應時而動，更要應時而「飲」。

生活裡的茶

主　　編：王黎明
發 行 人：黃振庭
出 版 者：崧燁文化事業有限公司
發 行 者：崧燁文化事業有限公司
E-mail：sonbookservice@gmail.com
粉 絲 頁：https://www.facebook.com/sonbookss/
網　　址：https://sonbook.net/
地　　址：台北市中正區重慶南路一段61號8樓
8F., No.61, Sec. 1, Chongqing S. Rd., Zhongzheng Dist., Taipei City 100, Taiwan

電　　話：(02)2370-3310
傳　　真：(02)2388-1990
印　　刷：京峯數位服務有限公司
律師顧問：廣華律師事務所 張珮琦律師

定　　價：580元
發行日期：2025年04月第一版
◎本書以POD印製

國家圖書館出版品預行編目資料

生活裡的茶 / 王黎明 主編. -- 第一版. -- 臺北市：崧燁文化事業有限公司, 2025.04
面；　公分
POD版
ISBN 978-626-416-446-7(平裝)
1.CST: 茶葉 2.CST: 飲料
427.41　　114003786

電子書購買

爽讀APP

臉書